U0292740

雷达卫星
定量分析

孔文甲　刘诗韵　孙鑫　许晶　赵斐　姚晓娟　计燕霞　著

气象出版社
China Meteorological Press

内 容 简 介

　　天气雷达在强对流天气监测预警工作中发挥着越来越重要的作用,随着计算机技术的发展,客观、定量地分析天气雷达数据并得出监测、识别结果,是天气雷达应用的发展方向。本书系统地介绍了天气雷达数据回波强度廓线、速度回波廓线的生成方法及不同强对流天气回波强度廓线、速度回波廓线特征,为客观、定量、全自动监测并预警强对流天气奠定了基础。今后,随着天气雷达技术的发展,如双偏振雷达的业务运行,也将实时偏振差分廓线应用其中,为精细、精确、精准做好强对流天气监测、短时临近预报预警做出贡献。

图书在版编目（CIP）数据

　　雷达卫星定量分析 / 孔文甲等著. -- 北京 ：气象
出版社，2024. 8. -- ISBN 978-7-5029-8269-0

　　Ⅰ. TN959.4

　　中国国家版本馆 CIP 数据核字第 2024K12X19 号

雷达卫星定量分析

Leida Weixing Dingliang Fenxi

出版发行：气象出版社	
地　　址：北京市海淀区中关村南大街 46 号	**邮政编码**：100081
电　　话：010-68407112（总编室）　010-68408042（发行部）	
网　　址：http://www.qxcbs.com	**E-mail**：　qxcbs@cma.gov.cn
责任编辑：张　媛	**终　审**：张　斌
责任校对：张硕杰	**责任技编**：赵相宁
封面设计：楠竹文化	
印　　刷：北京建宏印刷有限公司	
开　　本：787 mm×1092 mm　1/16	**印　张**：4.5
字　　数：115 千字	
版　　次：2024 年 8 月第 1 版	**印　次**：2024 年 8 月第 1 次印刷
定　　价：40.00 元	

前　言

呼和浩特新一代天气雷达系统于 2004 年 8 月 1 日正式业务试运行以来，在短时临近天气预报业务中发挥了重要作用，促进了呼和浩特及周边区域中小尺度灾害性天气的预警能力，较大地提升了气象应急保障能力，为呼和浩特及周边区域在气象服务和防灾减灾工作中做出了应有的贡献。

为更好地在天气监测、短时临近预报及防灾减灾中发挥作用，我们写了本书。第 1 章由孔文甲、孙鑫撰写，主要讲述了新一代天气雷达的相关情况及卫星资料的处理方法。第 2 章由刘诗韵撰写，重点讲述了天气雷达回波强度廓线的参数特征，主要有回波强度廓线均值与回波强度廓线顶高、风暴顶高、质心高度、垂直累积液态水及其密度，不同的强对流天气回波强度廓线参数特征各不相同，通过分析回波强度廓线参数可以识别不同的强对流天气。第 3 章由刘诗韵撰写，主要讲述了雷暴天气回波强度廓线的特征。第 4 章由许晶撰写，讲述了短时强降水回波强度廓线的特征，短时强降水具有回波强度廓线均值小、回波强度廓线顶高小、质心高度小的特点。第 5 章由许晶、计燕霞撰写，讲述了冰雹天气雷达回波强度廓线特征，冰雹具有回波强度廓线均值大与回波强度廓线顶高大、质心高度大、垂直累积液态水及其密度大的特点。第 6 章由赵斐撰写，主要讲述了雷暴大风回波强度廓线参数特征，并阐述如何应用多普勒速度廓线的参数特征识别雷暴大风。第 7 章由赵斐撰写，讲述了应用天气雷达回波估测降水。第 8 章由姚晓娟撰写，讲述了天气雷达与卫星数据融合估测降水的技术方案。

本书由内蒙古自治区自然科学基金项目"天气雷达与卫星融合估测降水"（项目编号：2022MS04021）和鄂尔多斯市重点研发计划项目"基于多源资料融合系统的暴雨研究及应用"（项目编号：YF20232311）共同资助。

全书由孔文甲统稿，由于时间仓促，水平有限，不足之处在所难免，望读者不吝赐教！

作者
2024 年 1 月

目　录

第1章　雷达卫星资料简介

1.1　呼和浩特新一代天气雷达简介

呼和浩特市位于内蒙古自治区中部,是内蒙古自治区首府,也是内蒙古政治经济文化中心。呼和浩特市属内陆性气候,降水集中在夏季,6—8月降水量占全年总降水量的61%～67%。在复杂的大气环流和独特的地形地貌影响下,灾害性天气的发生具有局地性和突发性的特点,具体表现为受中小尺度天气系统影响,具有突发性强、分布不均、强度大、时间短、落点无规则等特点。

呼和浩特新一代天气雷达站位于呼和浩特市以北17 km料木山主峰,位于111°42′E、40°58′N,海拔2063.7 m,净空条件优良,雷达塔楼共3层,高12 m。雷达系统使用成都锦江电子系统工程有限公司生产的CINRAD/CD型C波段全相参多普勒天气雷达,工作频率5420 MHz,工作波长5 cm,最大监测半径250 km,具有实时探测回波强度、径向速度和谱宽等气象参数的能力,可以对暴雨、冰雹、龙卷等灾害性天气进行有效监测和预警。雷达系统于2004年8月1日正式开始业务试运行,2005年8月15日通过现场验收。2020年6月15日完成首次新一代天气雷达系统技术升级及技术标准统一,2021年3月11日和12日通过现场测试验收和业务验收。呼和浩特新一代天气雷达系统的建成使用,促进了呼和浩特及周边区域中小尺度灾害性天气的预警能力提升,较大地改善了气象应急保障能力,为呼和浩特及周边区域在气象服务和防灾减灾工作中做出了应有的贡献。

1.2　呼和浩特新一代天气雷达服务范围及最佳测区

呼和浩特新一代天气雷达按技术标准最大监测半径250 km,但受雷达架高和地球曲率半径影响,最低仰角0.5°在100 km距离的探测高度大于3.0 km,重心较低的降水天气系统不易及早发现,所以在探测降水天气系统时雷达最佳测区半径为10～120 km;在探测冰雹天气系统时雷达最佳测区半径较大。

由表1.1可见,呼和浩特新一代天气雷达位于最佳测区内的气象站点共有10站,呼和浩特市6站,距雷达最近的是内蒙古气象局呼和浩特市气象站,与雷达距离18 km,最远的是托克托县气象站,与雷达距离90 km;乌兰察布市4站,距雷达最近的是四子王旗气象站,与雷达距离61 km,最远的是凉城县气象站,与雷达距离86 km。

由图1.1可见,呼和浩特市气象站在雷达站正南18 km处,海拔1050 m,呼和浩特市气象站与赛罕区、土默特左旗(简称土左旗)、托克托县气象站地理气候相近;其余几站海拔较高,尤其阴山以北的武川县、四子王旗气象站等与山前气象站点地理气候差别较大。

表 1.1　呼和浩特新一代天气雷达最佳测区内气象站点情况

站名	盟(市)	经度/°E	纬度/°N	雷达距离/km
呼和浩特市	呼和浩特	111.68	40.82	18
和林格尔县	呼和浩特	111.8	40.38	67
武川县	呼和浩特	111.45	41.1	24
赛罕区	呼和浩特	111.7	40.8	20
托克托县	呼和浩特	111.18	40.27	90
土默特左旗	呼和浩特	111.15	40.68	56
凉城县	乌兰察布	112.52	40.52	86
卓资县	乌兰察布	112.57	40.87	74
察哈尔右翼中旗	乌兰察布	112.62	41.27	83
四子王旗	乌兰察布	111.68	41.53	61

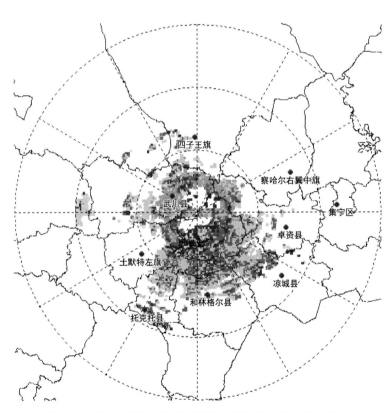

图 1.1　呼和浩特新一代天气雷达最佳测区内气象站点分布

　　呼和浩特所属气象站按照与雷达距离划分,呼和浩特市气象站、赛罕区气象站与武川县气象站是距雷达小于 30 km 的气象站,分析重心较低的短时强降水较合适;土左旗气象站与和林格尔县气象站等是距雷达大于 30 km 的气象站,分析冰雹天气较合适。

1.3 呼和浩特新一代天气雷达地物回波特征

呼和浩特新一代天气雷达(CINRAD/CD)观测基数据存储方式为球坐标,为便于统计分析,本节用插值方法把球坐标转化为三维直角坐标。垂直方向上采用线性插值方法,水平方向上采用双线性插值方法。X 轴为东西向,向东为正,Y 轴为南北向,向北为正,X 轴、Y 轴数据分辨率为 1 km,Z 轴为上下方向,向上为正。内蒙古地处中高纬度地区,假定对流发展高度最大为 15 km,取 250 m 为一层数据,即垂直方向数据分辨率为 250 m,有 60 层数据。所有分析资料都是雷达观测到的地面以上数据。

地物回波是由山地及其上面的各种建筑物等对电磁波的散射产生的回波,特点是:边缘清晰,位置固定,强度很少变化。在距离亮度显示产品(RHI)上呈小柱状,高度低。由于这类地物的位置都比较固定,产生的回波位置也相对固定,并且回波的位置和地物的位置相一致,此类回波相对稳定。

影响地物回波强度的因子很多,如雷达的波长、发射频率、有效照射体积、发射方向以及极化类型等。

呼和浩特新一代天气雷达是多普勒天气雷达,有强大的地物回波对消能力,业务运行中采用 2 号滤波器,但仍有残留地物回波,其统计特征见表 1.2。

表 1.2 呼和浩特新一代天气雷达地物回波分布情况

回波强度/dBZ	半径/km	面积/km²	高度/km
≤20	≤15	504~637	0.7~1.0
(20,30]	≤10	30~94	0.4~1.2

由表 1.2 可见,呼和浩特新一代天气雷达经地物对消后残留地物回波≤20 dBZ 的回波分布半径≤15 km,面积在 504~637 km²,高度在 0.7~1.0 km;>20 dBZ 且≤30 dBZ 的回波分布半径≤10 km,面积在 30~94 km²,高度在 0.4~1.2 km。

从残留地物回波的分布高度及占比(表 1.3)来看,20 dBZ 在≤1 km 高度占比63.72%~73.22%,>1 km 且≤2 km 高度占比 22.92%~30.30%,>2 km 且≤3 km 高度占比 2.09%~5.73%,>3 km 且≤4 km 高度占比 0~1.97;30 dBZ 在≤1 km 高度占比 78.72%~100%,>1 km 且≤2 km 高度占比0%~21.28%,>2 km 且≤3 km 高度占比 0%~3.77%。

表 1.3 呼和浩特新一代天气雷达地物回波分布高度及占比

回波强度/dBZ	高度(H)/km	占比/%
20	$H \leq 1$	63.72~73.22
20	$1 < H \leq 2$	22.92~30.30
20	$2 < H \leq 3$	2.09~5.73
20	$3 < H \leq 4$	0~1.97
30	$H \leq 1$	78.72~100
30	$1 < H \leq 2$	0~21.28
30	$2 < H \leq 3$	0~3.77

以上统计说明经地物对消后残留地物回波强度弱,面积小,高度低,相较强对流天气降水回波而言,可忽略不计。

1.4 卫星资料及处理方法简介

本节应用的是日本"葵花"卫星资料,有红外通道、水汽通道资料,b7 为红外通道,b8 为高层水汽通道,b9 为中层水汽通道,见表 1.4。

表 1.4　卫星红外通道名称、波段

卫星红外通道	描述	中心波长/μm
b7	红外通道	3.85
b8	高层水汽通道	6.25
b9	中层水汽通道	6.95

该静止卫星提供每 10 min 一张的红外、可见光和真彩色数字化云图,云图的格点间距离为 1 km。雷达数据为呼和浩特新一代天气雷达基数据,格点间距离为 1 km。按表 1.1 地理信息读取各站点对应时次红外云顶(即红外通道)亮度温度[①](简称亮温,TBB)以及雷达数据,分析时间段为 2021 年汛期 6—8 月卫星(H8 和 H9)红外通道亮温产品及雷达基数据,表 1.5 是 2021 年 7 月 2 日和林格尔县气象站卫星各通道、时间与数据。

表 1.5　2021 年 7 月 2 日和林格尔县气象站卫星各通道、时间与数据

雷达观测时间	红外通道时间	红外通道亮温/K	高层水汽通道时间	高层水汽通道亮温/K	中层水汽通道时间	中层水汽通道亮温/K
20210702140117	b7_0600	255.204	b8_0600	219.840	b9_0600	219.592
20210702140721	b7_0610	253.270	b8_0610	220.108	b9_0610	219.841
20210702141849	b7_0620	253.270	b8_0620	221.750	b9_0620	221.434
20210702143017	b7_0630	256.591	b8_0630	223.032	b9_0630	222.634
20210702144143	b7_0640	258.599	b8_0640	221.099	b9_0640	220.458
20210702144727	b7_0650	258.424	b8_0650	221.815	b9_0650	221.252
20210702145853	b7_0700	256.399	b8_0700	221.945	b9_0700	221.555
20210702151020	b7_0710	256.971	b8_0710	222.842	b9_0710	222.455
20210702152146	b7_0720	256.782	b8_0720	223.348	b9_0720	222.930
20210702152729	b7_0730	262.986	b8_0730	222.714	b9_0730	222.276
20210702153855	b7_0740	264.493	b8_0740	222.842	b9_0740	222.276
20210702155021	b7_0750	263.957	b8_0750	228.076	b9_0750	227.123
20210702160147	b7_0800	262.266	b8_0800	239.886	b9_0800	238.283

由于卫星与雷达观测时间分辨率不同,红外云图每 10 min 观测一次,新一代天气雷达最短每 6 min 观测一次,因此数据时间匹配以红外云图观测时间为中心,取红外云图观测时间前后 6 min 内最近的雷达数据,如果红外云图观测时间前后 6 min 内雷达缺测,则红外云图数据舍弃。如第一列第二行 20210702140117,表示北京时间 2021 年 7 月 2 日 14 时 01 分 17 秒;第二列第二行是 b7_0600,表示卫星红外通道(b7)世界时 06 时 00 分,北京时间 14 时 00 分,与雷达观测时间相差 1 min 17 s,因此可以看作雷达和卫星观测时间相匹配,进而可以分析雷达

---

① 本书中卫星红外云顶亮温,有时也称红外云顶亮温或卫星云顶亮温,也简称为云顶亮温。

强度与卫星红外通道亮温的相关系数,并得出回归模型。第三列是卫星红外通道亮温,单位K。第四列是高层水汽通道(b8)及世界时。第五列是高层水汽通道(b8)在对应世界时的亮温观测值。第六列是中层水汽通道(b9)及世界时。第七列是中层水汽通道(b9)在对应世界时的亮温观测值。水汽通道 b8、b9 与红外通道 b7 意义用法相同,不再赘述。

表 1.6 为 2021 年 7 月 2 日和林格尔县气象站雷达数据与特征参数,其中第一列是雷达观测时间(北京时),如第一列第二行是 20210702132107,表示北京时间 2021 年 7 月 2 日 13 时21 分 07 秒雷达观测。第二列到第九列是雷达回波强度廓线,从地面到高空排列,单位 dBZ。例如,第二列第二行 16.9 是雷达回波强度廓线中高度 1 km 处的回波强度($Z_{1 km}$)16.9 dBZ,$Z_{1 km}$ 是描述雷达强度廓线的主要参数之一,也称回波强度廓线 1 km 高度强度值或近地面 1 km回波强度,第三列第二行 12.9 是雷达回波强度廓线中高度 2 km 处的回波强度($Z_{2 km}$)12.9dBZ,依次类推。表 1.6 后三列为描述雷达强度廓线主要参数,依次为回波强度廓线最大值(也称最大回波强度,Z_{max})、回波强度廓线顶高(也称回波顶高,ET)、回波强度廓线风暴顶高(也称风暴顶高,TOP)。

表 1.6　2021 年 7 月 2 日和林格尔县气象站雷达数据与特征参数

雷达观测时间	$Z_{1 km}$/dBZ	$Z_{2 km}$/dBZ	$Z_{3 km}$/dBZ	$Z_{4 km}$/dBZ	$Z_{5 km}$/dBZ	$Z_{6 km}$/dBZ	$Z_{7 km}$/dBZ	$Z_{8 km}$/dBZ	Z_{max}/dBZ	ET/km	TOP/km
20210702132107	16.9	12.9	9.2	3.1	0	0	0	0	16.9	0	0
20210702132651	18.6	16.2	14.1	10.8	6.5	2.3	0	0	18.6	1	0
20210702133236	22.3	21.5	17.7	14.1	9.6	2.8	0	0	22.3	2	0
20210702133820	28.1	24.8	23.4	22.4	19.8	19.0	15.5	12.0	28.1	6	0
20210702134404	34.4	31.9	28.9	25.1	19.7	15.0	9.6	8.8	34.4	5	2
20210702134949	36.0	33.2	30.0	25.2	20.1	15.2	11.6	7.9	36.0	5	3
20210702135533	39.3	35.5	31.9	27.9	22.6	16.5	11.2	9.8	39.3	5	3
20210702140117	41.5	40.6	38.8	36.4	31.4	23.6	18.0	12.0	41.5	7	5
20210702140721	46.5	42.7	39.0	35.4	31.8	28.7	23.4	17.8	46.5	5	5
20210702141306	33.0	30.8	28.2	26.2	22.8	17.0	12.3	10.5	33.0	5	2
20210702141849	33.5	27.0	25.3	22.7	18.8	15.0	11.7	8.0	33.5	5	1
20210702142433	23.6	18.9	17.9	20.3	17.6	8.6	3.3	2.1	23.6	4	0
20210702143017	14.2	17.0	15.5	18.2	17.9	6.9	0.9	0.1	18.2	4	0

由表 1.6 可见,和林格尔县气象站 2021 年 7 月 2 日 13 时 21 分 07 秒,雷达回波初生,强度较弱,近地面 1 km 回波强度 16.9 dBZ,最大回波强度 16.9 dBZ,下一时次回波发展,近地面1 km 回波强度 18.6 dBZ,最大回波强度 18.6 dBZ,14 时 01 分 17 秒,回波继续发展,2021 年 7月 2 日 14 时 01 分 17 秒,近地面 1 km 回波强度 41.5 dBZ,最大回波强度 41.5 dBZ,回波顶高7 km,最大回波强度高度偏小,所以这次强对流天气是短时强降水的可能性较大。

图 1.2 为 2021 年 7 月 2 日和林格尔县气象站雷达回波及卫星云顶亮温时序,横坐标为观测时间,最左侧纵坐标为高度,单位 250 m,取值范围 0~59,最大值为 60×250=15 km,即15 km高;雷达回波强度色标见图 1.2 右侧回波强度,取值范围 0~65 dBZ,图 1.2 主体反映了和林格尔县气象站上空各高度的雷达回波演变情况。

黑色星点连线为卫星通道 b8,棕色三角划线为卫星通道 b9,卫星通道 b8 与 b9 的单位为

K,坐标为图 1.2 右侧最里面,坐标范围为 180～320 K。b8 与 b9 分别反映高层与中层水汽通道亮温的变化。

b8 与 b9 的水汽通道亮温差值反映了高层与中层水汽通道亮温差,用红色方块连线。坐标为图 1.2 右侧中间,坐标范围为 -10～10 K。

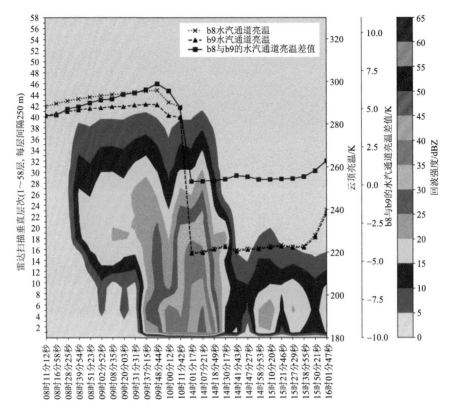

图 1.2　2021 年 7 月 2 日和林格尔县气象站雷达回波及卫星云顶亮温时序

(注:由于卫星和雷达时间分辨率不同,在时间匹配过程中,如果卫星和雷达观测时间差大于阈值,测值则被舍弃,因此,横坐标的观测时间间隔不一致,下同)

由图 1.2 可见,和林格尔县气象站 2021 年 7 月 2 日 08 时 11 分,b8 与 b9 水汽通道亮温为 290 K 左右,水汽通道亮温差值为 5.0 左右;14 时 01 分,卫星通道 b8 与 b9 水汽通道亮温在 220 K 左右,b8 与 b9 水汽通道亮温值由 290 K 减小到 220 K 左右,反映了水汽含量的增长,中层与高层水汽通道亮温差值由 5.0 K 减小到 0 K 左右,反映了水汽由中层向高层传播的特点。

图 1.3 是和林格尔县气象站 2021 年 7 月 2 日雷达强度廓线特征参数时序。13 时 21 分 07 秒雷达回波初生,强度较弱,近地面 1 km 回波强度达 16.9 dBZ,最大回波强度达 16.9 dBZ,回波顶高 0 km,风暴顶高 0 km。下一时次回波发展,近地面 1 km 回波强度 18.6 dBZ,最大回波强度 18.6 dBZ,回波顶高 1 km,风暴顶高 0 km。14 时 01 分 17 秒,回波继续发展,近地面 1 km 回波强度 41.5 dBZ,最大回波强度 41.5 dBZ,回波顶高 7 km,风暴顶高 5 km。最大回波强度 41.5 dBZ 所在高度较小,多个雷达要素表明这次强对流天气是短时强降水的可能性较大。

图 1.3 由表 1.6 中雷达观测数据的特征参数生成,清晰地反映了回波特征参数演变,14

时 07 分 21 秒近地面 1 km 回波强度 41.5 dBZ,最大回波强度 41.5 dBZ,回波顶高 7 km,风暴顶高 5 km。

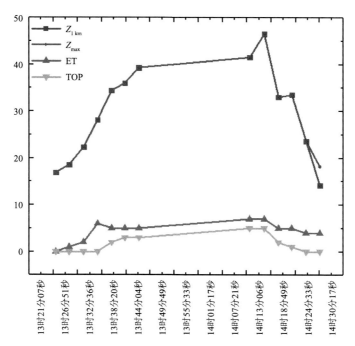

图 1.3　2021 年 7 月 2 日和林格尔县气象站雷达强度廓线特征参数时序

表 1.7 是和林格尔县气象站 2021 年 7 月 2 日 13 时 21 分到 14 时 30 分雷达卫星数据匹配结果,由表 1.5 和表 1.6 时间空间匹配所得,该时间段雷达数据正常,部分卫星数据缺测,表中"—"示意卫星数据缺测。

表 1.7　2021 年 7 月 2 日和林格尔县气象站雷达强度廓线参数与卫星数据匹配情况

雷达观测时间	红外通道时间	红外通道亮温/K	高层水汽通道时间	高层水汽通道亮温/K	中层水汽通道时间	中层水汽通道亮温/K	$Z_{1\,km}$/dBZ	Z_{max}/dBZ	ET/km	TOP/km
20210702132107	—	—	—	—	—	—	16.9	16.9	0	0
20210702132651	—	—	—	—	—	—	18.6	18.6	1	0
20210702133236	—	—	—	—	—	—	22.3	22.3	2	0
20210702133820	—	—	—	—	—	—	28.1	28.1	6	0
20210702134404	—	—	—	—	—	—	34.4	34.4	5	2
20210702134949	—	—	—	—	—	—	36.0	36.0	5	3
20210702135533	—	—	—	—	—	—	39.3	39.3	5	3
20210702140117	b7_0600	255.204	b8_0600	219.840	b9_0600	219.592	41.5	41.5	7	5
20210702140721	b7_0610	253.270	b8_0610	220.108	b9_0610	219.841	46.5	46.5	7	5
20210702141306	—	—	—	—	—	—	33.0	33.0	5	2
20210702141849	b7_0620	253.270	b8_0620	221.750	b9_0620	221.434	33.5	33.5	5	1
20210702142433	—	—	—	—	—	—	23.6	23.6	4	0
20210702143017	b7_0630	256.591	b8_0630	223.032	b9_0630	222.634	14.2	18.2	4	0

　　图1.2和林格尔县气象站2021年7月2日雷达回波及卫星云顶亮温时序就是由诸如表1.7的数据生成的。

　　统计2021年汛期6—8月卫星(H8和H9)红外亮温产品及雷达基数据表明,红外通道亮温与雷达回波高度相关系数最大,这一结果符合红外通道亮温生成原理:雷达回波高度越大,温度越低,辐射越小,反之亦然。

第 2 章　回波强度廓线参数

廓线是描述物理要素垂直分布的曲线或函数。新一代天气雷达以体积扫描方式探测,所以通过计算机技术能够实时获取雷达探测范围内平面上某点回波强度随高度的变化情况,描述强度回波随高度的变化情况定义为回波强度廓线;新一代天气雷达不仅能探测强度回波,而且能探测速度回波,描述多普勒速度随高度的变化情况定义为多普勒速度回波廓线。

强度回波廓线和速度回波廓线是一有序数列,定义向上为正方向,内蒙古地处我国北方,对流天气活跃最大高度一般为 15 km,如果每 1 km 取一个值,那么强度回波廓线和速度回波廓线则有 15 个值。如果每 0.5 km 取一个值,那么强度回波廓线和速度回波廓线则有 30 个值,垂直分辨率根据研究对流天气的精度或计算资源确定,为方便起见,本章研究垂直分辨率为 1 km,且以强度回波廓线为主要研究对象,多普勒速度回波廓线主要在雷暴大风识别中应用。

对于一个数列,有多个数学属性来描述其特点,结合雷达气象学,描述强度回波廓线和速度回波廓线的主要参数有:回波强度廓线 1 km 高度强度值,回波强度廓线均值,回波强度廓线最大值、最大值高度,回波强度廓线垂直累积液态水、垂直累积液态水密度、回波强度廓线顶高、风暴顶高,回波强度廓线质心,下面给出描述强度回波廓线的重要参数。

2.1　回波强度廓线 1 km 高度强度值

2.1.1　定义

回波强度廓线 1 km 高度强度值表示回波强度廓线 1 km 高度处的回波强度,也称 1 km 高度处回波强度,简记为 $Z_{1\,km}$。

回波强度廓线向上为正方向,1 km 强度值是近地面回波强度值,雨量计等设备都在地表安装,所以距地面越近,天气雷达、雨量计等探测要素一致性越好,相关系数越大,统计表明,1~2 km 处雷达回波强度与雨量站测得的雨量相关系数最大,就是因为回波高度越高,距离越远,雷达回波强度与雨量相关系数越小;但距离地面越近,受地物杂波影响越大,回波强度与雨量相关系数反而减小;1~2 km 处雷达回波强度与雨量站测得的雨量相关系数最大[1]。

2.1.2　特点

呼和浩特天气雷达是多普勒天气雷达,有强大的地物对消能力,但地物回波仍然存在,统计表明,残留地物回波主要分布在 1 km 高度(相对雷达高度,AGL,下同)以下[1],高度大于 1 km 的地物回波明显减小,所以对降水回波影响明显减小,因此,回波强度廓线 1 km 高度强度值是回波反演降水的较好选择。

2.1.3　分析要点

回波强度廓线 1 km 高度强度值是雷达回波识别的关键区,可用来估算降水强度及预测冰雹、短时强降水等灾害性天气出现的可能性。通常来讲,回波强度值越大,出现冰雹、短时强降水等的可能性越大,反之,强度越小,强对流天气出现的可能性越小。

2.1.4 使用方法

例如,2021 年 7 月 2 日武川县气象站出现对流天气,表 2.1 是 2021 年 7 月 2 日武川县气象站的回波变化情况,表 2.1 第一列是雷达观测时间,如第一行第一列 20210702140117 是 2021 年 7 月 2 日 14 时 01 分 17 秒,第二列是 1 km 高度处雷达回波强度,单位 dBZ,以此类推,第七列是 6 km 高度处雷达回波强度,强度 13.4 dBZ,此时对流刚发生,强度较弱,7 km 高度处雷达回波强度 0 dBZ。由表 2.1 可见回波强度廓线及 $Z_{1\,km}$ 最强时刻 14 时 58 分 53 秒达到 50.2 dBZ。为方便起见,后面的表除非特别说明,表中意义同上。

图 2.1 是 2021 年 7 月 2 日武川县气象站 $Z_{1\,km}$ 变化时序,可见,$Z_{1\,km}$ 在 14 时 53 分 10 秒为 34.6 dBZ,到 14 时 58 分 53 秒增加至 50.2 dBZ,从 15 时 04 分 37 秒至 15 时 16 分 03 秒强度波动下降,结合回波形态可初步判断此回波出现短时强降水的可能性最大。

表 2.1 2021 年 7 月 2 日武川县气象站雷达数据　　　　　　　　　　单位:dBZ

雷达观测时间	$Z_{1\,km}$	$Z_{2\,km}$	$Z_{3\,km}$	$Z_{4\,km}$	$Z_{5\,km}$	$Z_{6\,km}$	$Z_{7\,km}$	$Z_{8\,km}$
20210702140117	36.1	36.2	34.3	28.8	25.1	13.4	0	0
20210702140721	45.5	43.8	36.1	30.3	26.4	16.0	0	0
20210702141306	38.2	31.0	13.7	0	0	0	0	0
20210702141849	35.1	26.9	17.0	7.9	0	0	4.2	5.1
20210702142433	25.9	16.4	10.8	5.8	0	0	0	0
20210702143017	21.3	23.7	18.2	8.6	0	0	3.2	2.4
20210702143600	29.7	38.5	17.0	12.6	9.6	12.5	15.7	12.3
20210702144143	27.6	28.3	20.2	19.2	19.3	16.6	14.5	9.8
20210702144727	26.2	26.7	20.3	17.2	19.9	21.0	20.0	12.9
20210702145310	34.6	30.2	36.6	32.9	23.8	19.7	15.5	11.3
20210702145853	50.2	40.1	27.7	21.4	24.3	22.5	18.8	12.4
20210702150437	38.5	39.5	36.3	30.6	25.0	19.2	13.6	8.0
20210702151020	44.7	37.4	32.7	26.0	25.5	20.2	13.0	8.2
20210702151603	37.7	38.0	30.8	25.3	20.9	14.8	10.0	4.6
20210702152146	35.0	36.2	22.8	21.0	20.3	16.0	12.6	7.4
20210702152729	32.4	33.7	24.6	18.8	14.3	16.3	15.5	8.4
20210702153312	29.7	25.7	10.8	16.3	23.7	16.6	11.2	4.3
20210702153855	26.0	31.9	13.2	15.3	22.7	11.3	0	0
20210702154436	27.6	34.9	27.0	23.9	17.2	7.6	0	0
20210702155021	34.6	35.1	26.0	25.7	25.9	13.0	0	0
20210702155604	31.7	33.0	20.5	11.8	10.6	4.9	0	0
20210702160147	26.1	27.9	8.9	3.1	0	0	0	0

图 2.2 为 2021 年 7 月 2 日武川县气象站雷达回波卫星数据时序,横坐标为观测时间,最左侧纵坐标为高度,单位 250 m,取值范围 0~59,最大值为 60×250＝15 km,即 15 km高;雷达回波强度色标见图 2.1 最右侧回波强度,取值范围 0~65 dBZ,图 2.1 主体反映了武川县气象站上空各高度的雷达回波演变情况。

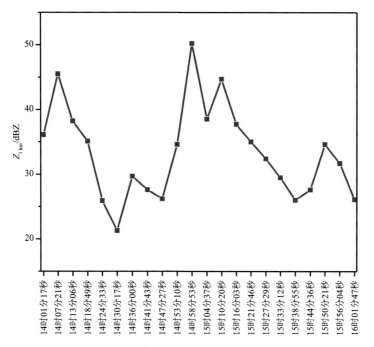

图 2.1　2021 年 7 月 2 日武川县气象站回波强度廓线 1 km 高度强度值（$Z_{1\,km}$）时序

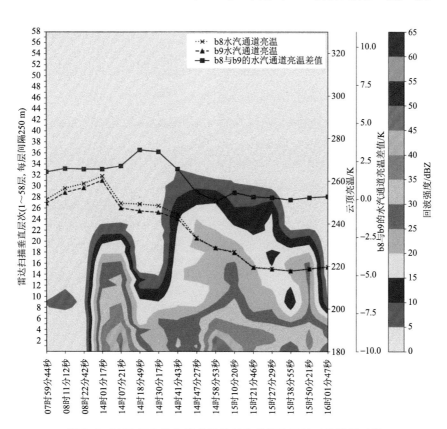

图 2.2　2021 年 7 月 2 日武川县气象站雷达回波卫星数据时序

图 2.2 中 b8 为高层水汽通道,用黑色星点连线,b9 为中层水汽通道,用棕色三角划线,b8 与 b9 的亮温单位为 K,坐标为图 2.2 右侧最里面,坐标范围 180～320 K。

图 2.2 中 b8 与 b9 的水汽通道亮温差值反映了高层与中层水汽通道亮温差,用红色方块连线。坐标为图 2.2 右侧中间,坐标范围 -10～10 K。

为方便起见,后面的雷达回波卫星数据时序图除非特别说明,意义同上。

由图 2.2 可见,武川县气象站 2021 年 7 月 2 日 14 时 18 分,b8 与 b9 水汽通道亮温值为 250 K 左右,水汽通道亮温差值为 3.0 左右;14 时 58 分,b8 与 b9 水汽通道亮温值为 225 K 左右,b8 与 b9 水汽通道亮温值由 250 K 减小到 225 K 左右,反映了水汽含量的增长,中层与高层水汽通道亮温差值由 3.0 K 减小到 0 K 左右,反映了水汽由中层向高层传播的特点。

2.2　回波强度廓线均值

2.2.1　定义

回波强度廓线均值表示回波强度廓线中所有 ≥18 dBZ 回波强度的平均值,简记为 Z_{ave},也称为回波强度均值。

由于回波顶高识别阈值为 18 dBZ,所以回波强度均值是回波强度廓线中所有 ≥18 dBZ 的回波的平均值[2]。

2.2.2　公式

$$Z_{ave} = \frac{\sum s}{n}$$

式中,$\sum s$ 为所有 ≥18 dBZ 回波强度的累加值,n 为所有 ≥18 dBZ 回波强度的个数。

2.2.3　分析要点

回波强度廓线均值是回波强度廓线表征天气的重要参数,可用来识别降水强度及冰雹等灾害性天气出现的可能性。通常来讲,回波强度廓线均值越大,出现冰雹、短时强降水等的可能性越大,反之,回波强度廓线均值越小,强对流天气出现的可能性越小。

回波强度廓线 1 km 强度值仅仅反映了低层回波强度,而回波强度廓线均值反映了整个回波强度廓线的大小特点,分析表明回波强度廓线均值越大,出现冰雹、短时强降水等的可能性越大,反之,回波强度廓线均值越小,强对流天气出现的可能性越小。回波强度廓线均值随时间演变可分析系统强弱及发展趋势。

2.2.4　使用方法

例如,2021 年 7 月 2 日托克托县气象站出现对流天气(表 2.2),回波强度廓线均值的最强时刻 08 时 16 分 58 秒达到 36.3 dBZ。

由图 2.3 可见,Z_{ave} 在 07 时 59 分 44 秒为 33.2 dBZ,08 时 16 分 58 秒达到 36.3 dBZ,08 时 34 分 10 秒至 08 时 57 分 07 秒回波强度廓线均值递增,它随时间的变化可判断出对流天气系统的发展趋势。

表 2.2　2021 年 7 月 2 日托克托县气象站回波强度廓线及 Z_{ave}　　　　　　单位:dBZ

雷达观测时间	$Z_{1\ km}$	$Z_{2\ km}$	$Z_{3\ km}$	$Z_{4\ km}$	$Z_{5\ km}$	$Z_{6\ km}$	$Z_{7\ km}$	$Z_{8\ km}$	Z_{ave}
20210702075944	39.2	40.7	35.7	28.8	21.4	5.4	0	0	33.2
20210702080527	31.9	23.4	15.4	7.0	0	0	0	0	27.7
20210702081112	37.5	34.1	43.3	42.5	38.1	33.4	23.8	14.5	36.1
20210702081658	40.3	41.2	40.9	34.3	24.9	17.0	2.4	3.0	36.3
20210702082242	16.2	12.6	4.8	4.5	6.5	10.6	9.0	4.6	0
20210702082825	17.5	28.9	32.8	30.0	24.6	21.2	15.4	7.8	27.5
20210702083410	34.5	32.2	27.5	22.4	17.3	16.4	7.3	3.9	29.2
20210702083954	16.6	18.9	18.8	17.3	15.8	13.8	7.8	4.4	18.9
20210702084539	37.4	36.8	31.2	22.9	13.4	3.3	0	0	32.1
20210702085123	33.1	34.2	27.7	19.1	10.2	6.5	3.8	2.0	28.5
20210702085707	31.8	32.2	37.4	39.3	39.8	33.1	21.8	11.4	33.7
20210702090252	33.7	41.9	42.6	38.1	31.3	27.1	15.6	8.2	35.8
20210702090835	40.8	40.0	36.4	31.3	25.5	17.7	11.6	5.9	34.8
20210702091420	31.4	25.6	26.1	24.2	21.1	15.3	10.3	5.4	25.7
20210702092003	17.8	17.6	18.2	17.9	17.1	13.6	8.6	4.4	18.2
20210702092547	12.6	17.8	20.3	18.8	14.8	3.6	0	0	19.6

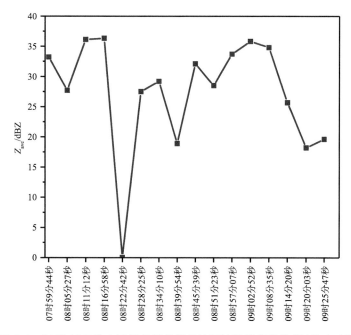

图 2.3　2021 年 7 月 2 日托克托县气象站回波强度廓线均值(Z_{ave})时序

　　由图 2.4 可见,2021 年 7 月 2 日 14 时 01 分,b8 与 b9 水汽通道亮温值为 255 K 左右,水汽通道亮温差值为 1.0 K 左右;14 时 47 分,b8 与 b9 水汽通道亮温值为 235 K 左右,b8 与 b9

水汽通道亮温值由 255 K 减小到 235 K 左右,反映了水汽含量的增长,中层与高层水汽通道亮温差由 1.0 K 减小到 0 K 左右,反映了水汽由中层向高层传播的特点。

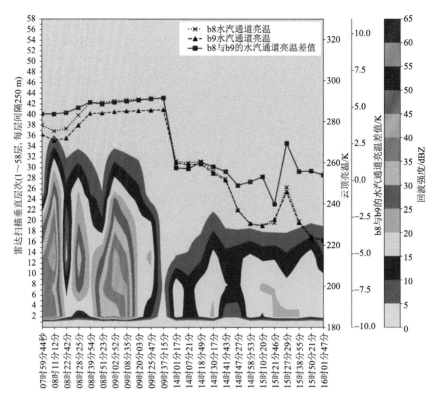

图 2.4　2021 年 7 月 2 日托克托县气象站雷达回波强度廓线均值空间剖面

2.3　回波强度廓线最大值、最大值高度

2.3.1　定义

回波强度廓线最大值:回波强度廓线中回波强度最大值,也称最大回波强度,简记为 Z_{max}。

回波强度廓线最大值高度:回波强度最大值所在的高度,简记为 H_{max}。

2.3.2　特点

回波强度廓线最大值反映了回波强度廓线的最大强度,它与回波强度最大值所在的高度配合使用,可了解回波强度的分布形态。如果 H_{max} 较小,即 Z_{max} 与 $Z_{1\,km}$ 差值较小,说明该回波强度廓线重心低,倾向于短时强降水,反之,如果 H_{max} 较大,即 Z_{max} 与 $Z_{1\,km}$ 差值较大,说明该回波强度廓线重心高,倾向于冰雹。

低层等高距离方位显示产品(CAPPI)图可看作由 $Z_{1\,km}$ 组成的,而组合反射率产品(CR)可看作由 Z_{max} 组成。

2.3.3　分析要点

回波强度廓线最大值配合最大值所在高度,可以判断强对流天气的类型及对流单体发展的阶段。

2.3.4　使用方法

例如,2021 年 6 月 23 日武川县气象站出现对流天气(表 2.3),回波强度廓线时间变化见表 2.3。

表 2.3　2021 年 6 月 23 日武川县气象站回波强度廓线、Z_{max} 和 H_{max}

雷达观测时间	$Z_{1\ km}$/dBZ	$Z_{2\ km}$/dBZ	$Z_{3\ km}$/dBZ	$Z_{4\ km}$/dBZ	$Z_{5\ km}$/dBZ	$Z_{6\ km}$/dBZ	$Z_{7\ km}$/dBZ	$Z_{8\ km}$/dBZ	$Z_{9\ km}$/dBZ	Z_{max}/dBZ	H_{max}/km
20210623133450	24.1	38.3	35.8	33.7	29.6	28.1	28.6	22.8	18.5	38.3	2
20210623134029	38.0	35.9	30.8	30.9	30.7	26.7	23.2	17.7	12.6	38.0	1
20210623134607	34.2	41.3	32.5	29.8	28.4	26.5	23.9	19.4	14.8	41.3	2
20210623135151	38.5	29.9	22.7	24.6	29.3	25.9	23.2	17.1	11.9	38.5	1
20210623135733	27.5	29.4	26.9	27.1	28.7	26.1	24.4	18.6	13.1	29.4	2
20210623140317	26.7	34.7	37.8	35.3	29.8	25.7	23.3	15.8	8.0	37.8	3
20210623140859	29.0	28.3	31.0	31.5	35.6	35.4	32.0	22.2	12.6	35.6	5
20210623141441	35.9	34.0	38.8	44.9	51.5	44.2	37.1	22.0	5.4	51.5	5
20210623142021	47.9	51.4	50.9	50.8	49.9	39.3	27.3	16.2	8.3	51.4	2
20210623142601	39.0	39.5	36.1	35.3	28.1	25.2	22.5	13.3	4.8	39.5	2
20210623143142	17.1	24.0	24.4	26.5	27.2	21.7	16.1	7.7	0	27.2	5

14 时 14 分 41 秒回波强度廓线最大值为 51.5 dBZ,回波强度最大值所在的高度为 5 km。从 Z_{ma} 和 H_{max} 时序(图 2.5)可见,14 时 08 分 59 秒至 14 时 20 分 21 秒回波强度廓线最大值跃增,最大回波强度所在高度逐渐降低,有大面积的大于 45 dBZ 的强回波触地;表明该时段内对流单体处于成熟阶段。

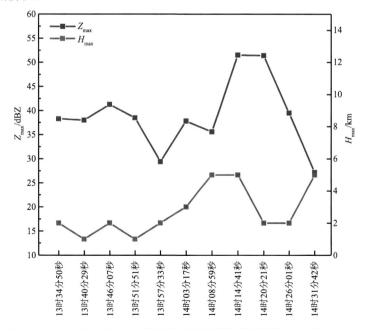

图 2.5　2021 年 6 月 23 日武川县气象站回波强度廓线最大值(Z_{max})与
回波强度廓线最大值所在高度(H_{max})时序

　　图 2.6 显示了武川县气象站 2021 年 6 月 23 日雷达回波和卫星数据变化情况,由于卫星数据缺测,所以时序图数据偏少,但结合图 2.5 可见雷达回波变化情况。

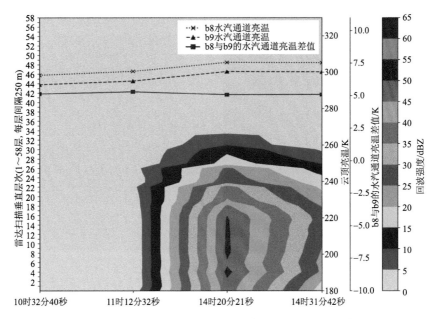

图 2.6　2021 年 6 月 23 日武川县气象站雷达回波时序

2.4　回波强度廓线垂直累积液态水、垂直累积液态水密度

2.4.1　定义

　　回波强度廓线垂直累积液态水:表示将回波强度廓线反射率因子数据转换成等价的液态水值,反映了降水云体中在某一底面积的垂直柱体内液态水的总量,也称垂直累积液态水,用 VIL 表示。

　　回波强度廓线垂直累积液态水密度:是 VIL 与其对应的回波顶高之比,也称垂直累积液态水密度,用 VILD 表示。

　　由于雷达观测有静锥盲区和地球曲率盲区,导致 VIL 减小,影响对流天气的识别,而 VILD 则避免了对 VIL 减小的误判。一般而言,冰雹的 VIL 较大,VILD 达到 2 g·m^{-3} 可以判断为冰雹。

2.4.2　公式

$$VIL = 3.44 \times 10^{-3} \sum_{i=1}^{N-1} \left(\frac{Z_i + Z_{i+1}}{2} \right)^{4/7} \Delta_i$$

式中,Z_i 为第 i 层高度上的雷达反射率因子(即回波强度),Z_{i+1} 为第 $i+1$ 层高度上的雷达反射率因子,Δ_i 为第 i 层和第 $i+1$ 层之间的高度差,N 为体积扫描的层数。VIL 的单位为 kg·m^{-2}。

$$VILD = (VIL/H) \times 1000$$

式中,H 为回波顶高,单位为 m,VILD 的单位为 g·m^{-3}

2.4.3　分析要点

VIL 常用来评估对流风暴强度,大的 VIL 常与地面降雹事件相联系,VIL 快速下降常与地面对流性大风发生相联系。由于 VIL 的大小除与反射率强度有关外,还与回波顶高有关。在春末夏初季节,对流单体往往不会发展很高就可能产生降雹,而在盛夏季节对流单体往往会发展很高但不会产生降雹,因此又引入了 VILD 的概念[2]。VIL 与 VILD 均对冰雹预警具有指导意义,VILD 对大冰雹的指示更为有效。

2.4.4　使用方法

例如,2021 年 7 月 15 日武川县气象站出现对流天气(表 2.4),回波强度廓线时间变化见表 2.4,表中后两列是 VIL 和 VILD,单位分别为 kg·m^{-2} 和 g·m^{-3}。回波强度廓线最大强度为 61.4 dBZ,出现在 13 时 49 分 30 秒。随着对流单体的发展,VIL 从 13 时 09 分 12 秒至 13 时 43 分 45 秒呈现波动式增长,13 时 43 分 45 秒达到最大值 1.49 kg·m^{-2};从 13 时 43 分 45 秒至 14 时 18 分 14 秒持续下降。对流单体达到最大强度的第 3 个体扫到第 2 个体扫之间 VIL 有跃增现象。VILD 随 VIL 的增加呈波动式增加,VILD 随 VIL 的下降呈波动式下降。

表 2.4　2021 年 7 月 15 日武川县气象站回波强度廓线、回波强度廓线垂直累积液态水(VIL)及回波强度廓线垂直累积液态水密度(VILD)

雷达观测时间	$Z_{1\,km}$/dBZ	$Z_{2\,km}$/dBZ	$Z_{3\,km}$/dBZ	$Z_{4\,km}$/dBZ	$Z_{5\,km}$/dBZ	$Z_{6\,km}$/dBZ	$Z_{7\,km}$/dBZ	$Z_{8\,km}$/dBZ	$Z_{9\,km}$/dBZ	VIL /(kg·m^{-2})	VILD /(g·m^{-3})
20210715130912	9.9	20.2	25.4	33.6	37.6	42.2	47.4	50.1	52.9	1.10	0.12
20210715131458	39.6	44.3	51.6	54.1	52.9	44.5	38.5	34.0	29.9	1.34	0.15
20210715132047	43.9	39.3	46.6	50.3	47.6	42.3	42.5	34.3	27.0	1.29	0.14
20210715132631	42.9	45.6	50.8	54.1	56.3	51.4	47.5	38.9	32.6	1.45	0.16
20210715133216	43.1	33.0	30.8	39.4	43.3	43.3	45.0	39.7	36.4	1.22	0.14
20210715133800	44.0	45.4	49.8	50.5	54.5	49.0	43.3	37.5	32.7	1.40	0.16
20210715134345	51.6	50.6	52.0	50.4	52.1	50.2	49.5	41.0	35.9	1.49	0.17
20210715134930	52.2	61.4	57.1	50.5	45.1	36.6	28.1	26.4	29.0	1.33	0.15
20210715135515	48.3	47.5	47.9	44.7	38.3	28.4	26.4	26.0	26.0	1.16	0.13
20210715140100	45.0	45.0	44.4	41.8	39.0	27.0	17.1	16.4	17.5	1.01	0.17
20210715140645	32.0	31.8	34.6	37.2	34.8	32.1	30.0	23.2	18.2	0.94	0.10
20210715141229	30.4	33.2	34.9	33.5	31.1	22.1	13.9	15.4	18.1	0.80	0.09
20210715141814	26.4	24.4	28.3	25.3	21.1	13.6	13.5	15.1	17.8	0.62	0.12
20210715142359	21.8	28.2	35.6	35.2	34.1	31.8	30.0	22.2	18.2	0.70	0.13
20210715142943	34.3	31.3	36.4	33.0	29.8	29.6	29.5	23.0	16.9	0.91	0.11
20210715143528	27.9	28.6	26.6	25.5	23.3	15.9	17.9	16.0	13.9	0.67	0.13
20210715144112	20.8	2.5	0	5.0	11.2	13.3	12.0	7.7	0	0.25	0.25

图 2.7 是武川县气象站 2021 年 7 月 15 日 VIL 和 VILD 时序,它清晰地反映了 VIL 和 VILD 变化情况。

由图 2.8 可见,2021 年 7 月 15 日 13 时 20 分,b8 与 b9 水汽通道亮温值在 290 K 左右,水汽通道亮温差值在 6.0 K 左右;14 时 12 分,b8 与 b9 水汽通道亮温值在 230 K 左右,b8 与 b9 水汽通道亮温值由 290 K 减小到 230 K 左右,反映了水汽含量的增长,中层与高层水汽通道亮温差值由 6.0 K 减小到 0 K 左右,反映了水汽由中层向高层传播的特点。

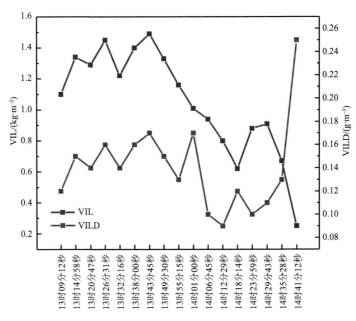

图 2.7　2021 年 7 月 15 日武川县气象站回波强度廓线垂直累积液态水(VIL)和
回波强度廓线垂直累积液态水密度(VILD)时序

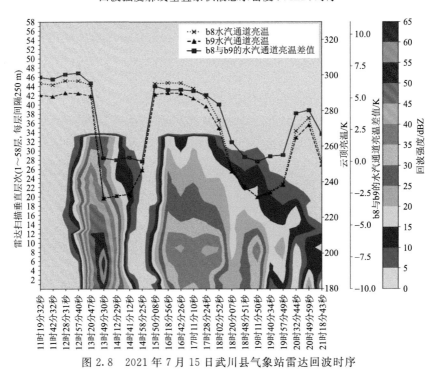

图 2.8　2021 年 7 月 15 日武川县气象站雷达回波时序

如前所述,武川县气象站距离雷达 24 km,受静锥盲区影响,最大测高 9 km 左右,高层回波观测不到,所以图 2.8 回波 9 km 左右被截断,导致 VIL 偏小,而 VILD 影响有限,体现了 VILD 的优势。14 时 01 分 00 秒,VIL 持续下降(图 2.7),但 VILD 增加,表现了两者的应用区别。

2.5 回波强度廊线顶高、风暴顶高

2.5.1 定义

回波强度廊线顶高指回波强度廊线数据中由高到低第一个≥18 dBZ 的反射率因子的回波高度,简称回波顶高,用 ET 表示。

回波强度廊线风暴顶高指回波强度廊线数据中由高到低第一个≥30 dBZ 的反射率因子的高度,简称风暴顶高,用 TOP 表示。

2.5.2 特点

ET 常被用来评估风暴发展的强烈程度。一般来说,对流云云顶高度与上升气流强度相关联,云内上升气流越强,对流发展越旺盛,其回波顶高越高。反之,回波顶高越低,对应上升气流越弱。回波顶高是用来分析对流云强弱和云体内上升气流伸展高度的指标。

风暴顶高可反映强对流活动中上升运动强度,云体中上升气流强盛,对流系统可发展至较高风暴顶高,可判断对流系统是浅薄(风暴顶高低于 3 km)还是深厚。

2.5.3 分析要点

回波顶高的变化对强对流天气有很好的识别作用;通过研究强对流天气与回波顶高的关系,可以确定强对流天气发生前最大回波顶高阈值。

反映风暴体的强回波顶高,TOP 比 ET 高度低,分析方法与回波顶高分析基本一致。

2.5.4 使用方法

例如,2021 年 8 月 14 日土左旗气象站出现对流天气(表 2.5),回波强度廊线最大强度为61 dBZ,出现在 15 时 03 分 21 秒。回波顶高和风暴顶高在回波最大强度出现前 2 个体扫 14时 51 分已经出现最大值,可作为预警指标(图 2.9)。

表 2.5 2021 年 8 月 14 日土左旗气象站的回波顶高(ET)、风暴顶高(TOP)

雷达观测时间	$Z_{1\ km}$/ dBZ	$Z_{2\ km}$/ dBZ	$Z_{3\ km}$/ dBZ	$Z_{4\ km}$/ dBZ	$Z_{5\ km}$/ dBZ	$Z_{6\ km}$/ dBZ	$Z_{7\ km}$/ dBZ	$Z_{8\ km}$/ dBZ	$Z_{9\ km}$/ dBZ	$Z_{10\ km}$/ dBZ	$Z_{11\ km}$/ dBZ	$Z_{12\ km}$/ dBZ	ET /km	TOP /km
20210814144022	27.0	30.7	40.7	45.9	43.9	45.0	38.2	27.6	18.7	9.5	4.1	3.7	9	7
20210814144608	55.0	53.8	49.8	42.4	40.0	42.5	38.0	28.4	19.6	10.3	5.7	4.1	9	7
20210814145152	49.0	44.3	39.8	43.6	47.2	46.7	42.5	38.0	34.0	27.0	24.4	15.3	11	8
20210814145736	55.5	58.9	60.6	56.7	51.5	39.4	35.4	35.9	31.1	26.7	25.8	17.0	11	8
20210814150321	61.0	54.9	48.6	41.1	33.6	32.8	30.4	23.8	16.9	8.3	6.1	3.2	8	7
20210814150906	28.2	41.6	38.3	37.1	35.8	26.9	25.1	20.5	14.9	8.4	6.8	3.5	8	5
20210814151451	24.5	21.8	22.6	17.9	22.1	22.7	21.0	17.2	12.0	7.0	5.1	3.3	7	0
20210814152036	38.5	45.6	49.4	45.5	38.4	28.8	22.6	17.6	12.1	6.9	4.4	2.8	7	5
20210814152619	29.0	31.4	26.7	25.0	27.8	24.6	21.1	16.4	8.4	2.5	0	0	6	2
20210814153204	17.1	21.5	22.3	24.8	26.4	22.1	18.3	13.4	7.3	2.0	0	0	7	0

图 2.10 为 2021 年 8 月 14 日土左旗气象站雷达回波时序。

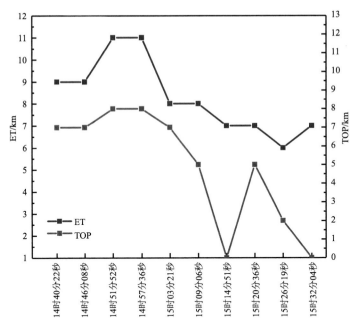

图 2.9　　2021 年 8 月 14 日土左旗气象站回波顶高(ET)、风暴顶高(TOP)时序

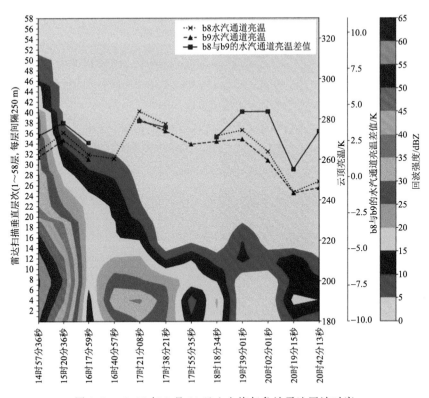

图 2.10　　2021 年 8 月 14 日土左旗气象站雷达回波时序

2.6　回波强度廓线质心高度

2.6.1　定义

回波强度廓线质心高度:指回波强度分布的平均位置,简称质心高度,用 r_σ 表示。

回波强度廓线相对质心高度:以雷达站高度为坐标原点、垂直向上的高度坐标表示的回波强度质心高度。

回波强度廓线质心高度指数:以雷达站高度为坐标原点、垂直向上的高度坐标表示的回波强度质心高度值与坐标最大高度的比值。

呼和浩特地处中纬度,强对流发展最大高度约为 15 km,如果某回波强度廓线质心高度为 3 km,则回波强度廓线质心高度指数为 3/15＝0.2,该回波强度廓线代表的天气多为阵雨;如果某回波强度廓线质心高度为 9 km,则回波强度廓线质心高度指数为 9/15＝0.6,该回波强度廓线代表的天气多为冰雹。

回波强度廓线质心高度指数为无量纲数,在同一雷达站方便比较区别不同天气。

回波强度廓线绝对质心高度:以海拔高度表示的回波强度质心高度。回波强度廓线绝对质心高度等于雷达站高度加回波强度廓线相对质心高度。

呼和浩特雷达站海拔高度 2 km,如果某回波强度廓线相对质心高度为 3 km,则回波强度廓线绝对质心高度 2＋3＝5 km。

回波强度廓线绝对质心高度指数:以海拔高度表示的回波强度质心高度与海拔高度最大高度的比值。

呼和浩特雷达站海拔高度 2 km,如果某回波强度廓线相对质心高度为 3 km,则回波强度廓线绝对质心高度 2＋3＝5 km,绝对质心高度指数为(2＋3)/(2＋15)≈0.29。

回波强度廓线绝对质心高度指数为无量纲数,在不同地区方便区别不同天气。内蒙古地域辽阔,各雷达站点相距较大,回波强度廓线绝对质心高度方便距离较大不同雷达站点比较。

2.6.2　公式

回波强度廓线质心高度由以下公式确定

$$r_\sigma = \frac{\sum\limits_{i=1}^{n} m_i r_i}{M}$$

式中,$M = \sum\limits_{i=1}^{n} m_i$,表示质点系的总质量;$r_i$ 表示质心的矢径;n 表示大于 20 dBZ 的回波强度个数。

2.6.3　分析要点

通过雷达连续扫描的两个相对应的回波强度廓线质心的变化来识别回波的演变。

质心高度指数、绝对质心高度、绝对质心高度指数分析同上。

2.6.4　使用方法

2021 年 8 月 15 日托克托县气象站出现对流天气(表 2.6),13 时 19 分 54 秒回波强度廓线最大值为 52.1 dBZ,所对应相对质心高度 3.9 km,从图 2.11 可见,13 时 02 分 41 秒至 13 时 14 分 09 秒质心跃增,13 时 14 分 09 秒至 13 时 19 分 54 秒质心维持,之后明显减弱,质心下降,回波强度廓线均值所在高度逐渐降低,有大于 45 dBZ 的强回波触地;表明该时段内对流单体处于成熟阶段,伴有强降水现象。图 2.11 为表 2.6 的图形显示,直观反映了质心随时间变化情况。

由图 2.12 可见,托克托县气象站 2021 年 7 月 2 日 12 时 16 分,中层水汽通道亮温值在 290 K 左右,12 时 39 分中层水汽通道亮温值在 270 K 左右,13 时 19 分雷达回波明显增加。最大回波强度 52 dBZ,回波顶高 8 km,风暴顶高 7 km,可见中层水汽通道亮温值的变化与对流天气的强烈发展关系密切,后续要深入研究。

表 2.6　2021 年 8 月 15 日托克托县气象站回波强度廓线与绝对质心高度、相对质心高度、质心高度指数、绝对质心高度指数

雷达观测时间	Z_1 km/dBZ	Z_2 km/dBZ	Z_3 km/dBZ	Z_4 km/dBZ	Z_5 km/dBZ	Z_6 km/dBZ	Z_7 km/dBZ	Z_8 km/dBZ	Z_9 km/dBZ	绝对质心高度/km	相对质心高度/km	质心高度指数	绝对质心高度指数
20210815130241	28.4	26.1	19.5	9.8	0	0	0	0	0	4.1	2.1	0.14	0.24
20210815130826	31.5	30.3	35.3	35.4	33.0	29.8	24.9	11.9	0.4	6.1	4.1	0.27	0.36
20210815131409	45.4	43.0	40.1	38.9	38.1	38.4	33.3	24.8	16.3	6.2	4.2	0.28	0.36
20210815131954	52.1	49.2	50.0	46.1	40.8	35.8	29.3	20.2	11.3	5.9	3.9	0.26	0.35
20210815132539	49.4	45.0	41.0	36.4	31.0	23.3	15.8	8.0	0.3	5.5	3.5	0.23	0.32
20210815133124	37.5	37.1	33.4	30.3	27.4	22.1	14.6	7.4	0.3	5.6	3.6	0.24	0.33
20210815133708	27.8	28.1	26.7	21.7	16.1	21.1	10.2	5.8	0.2	5.7	3.7	0.24	0.33
20210815134253	23.7	26.3	25.4	23.1	20.5	18.2	10.5	5.3	0.2	5.7	3.7	0.25	0.34
20210815134837	17.1	17.8	14.7	8.1	0	0	0	0	0	4.2	2.2	0.15	0.25
20210815135421	7.6	12.8	10.6	9.8	10.3	10.2	1.6	2.0	0.1	5.8	3.8	0.25	0.34
20210815140007	8.4	8.2	12.7	14.4	13.9	3.5	0	0	0	5.5	3.5	0.23	0.32

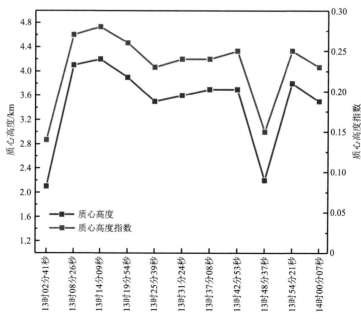

图 2.11　2021 年 8 月 15 日托克托县气象站回波强度廓线质心高度与质心高度指数时序

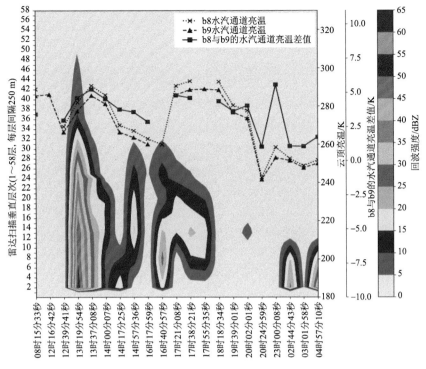

图 2.12　2021 年 7 月 2 日托克托县气象站雷达回波时序

参考文献

[1]　俞小鼎,姚秀萍,熊廷南,等.多普勒天气雷达原理与业务应用[M].北京:气象出版社,2006.

[2]　刁秀广,朱君鉴,黄秀韶,等.VIL 和 VIL 密度在冰雹云判据中的应用[J].高原气象,2008,27(5):201-209.

第 3 章　雷暴客观识别方法研究

惊蛰闻雷,是节气变化的自然现象,据资料记载我国平均初雷日期发生在惊蛰节气,大多位于长江中下游及其以南地区。气象学将每年的第一场雷暴活动日称作"初雷日",当出现初雷时,预示(不稳定能量的增加)雷暴季节来临,就需要重点关注雷暴天气,因此对初雷的准确预报具有非常重要的意义。由于初雷多出现在春季,影响系统复杂,大气层结条件由稳定层结向不稳定层结过渡,对流发展不够旺盛,雷达回波强度等特征与盛夏季节的雷暴天气相比不太明显,造成春雷预报的难度大、准确率低。

孙哲等[1]利用美国国家环境预报中心(NCEP)再分析资料、探空资料、闪电定位资料和南京、常州多普勒雷达资料,通过对比分析南京 2012 年 2 月 22 日春季雷暴和 2011 年 8 月 10 日夏季雷暴两次过程的研究结果,显示了不同季节影响雷暴发生的大气结构以及强弱雷暴地闪特征的差异;张一平等[2]对 2012 年早春河南一次伴有多种天气现象的高架雷暴成因进行了天气学分析,建立了高架雷暴天气的流型配置模型;常越等[3]应用湖南省长沙站的多普勒雷达资料,根据闪电定位仪数据对发生闪电和未发生闪电的雷暴单体的雷达回波资料进行对比分析验证,给出雷达回波顶高和 VIL 的雷电预警指标,并结合雷暴单体的速度场信息,提前 0～30 min 做出雷电预警。在国内学者研究的基础上,本章通过对比研究 4 个典型个例中雷达回波廓线参数,筛选春季阵雨和雷阵雨的阈值指标,对提高初雷预报预警能力,更好地进行气象保障和防灾减灾具有重大意义。

3.1　实况分析

选取 2021 年 3 月 11 日、2022 年 3 月 11 日、2023 年 5 月 1 日、2023 年 5 月 4 日共 4 次降水天气过程进行对比分析。

2021 年 3 月 11 日傍晚,呼和浩特市出现了大范围的降水天气,出现了 2021 年的第一声"春雷"。据统计,从 1951 年有人工观测记录以来到 2014 年取消雷暴等天气现象的人工观测记录,呼和浩特市最早的初雷日为 1959 年 3 月 20 日,最晚是 1979 年 6 月 2 日,平均初雷日为 4 月 28 日,初雷日出现次数最多的日期为 4 月 27 日,3 月 11 日的"春雷"打破了呼和浩特最早的初雷日记录,根据箱形图理论,除 3 月 11 日春雷日外,其他数据分布呈正态分布,3 月 11 日出现春雷为小提琴图上的异常值,并且比平均初雷日提前了一个多月(图 3.1)。4 月 20 日出现春雷日次数最多,为 4 次。

2021 年 3 月 11 日 08 时—12 日 08 时呼和浩特市全市共发生闪电 58 次,其中正地闪 30 次,负地闪 28 次,正地闪所占比例约为 51.72%。由表 3.1 可以看出,呼和浩特市 2022 年 3 月 11 日 08 时—12 日 08 时比 2021 年该时间段地闪总数同比增长约 70.58%。

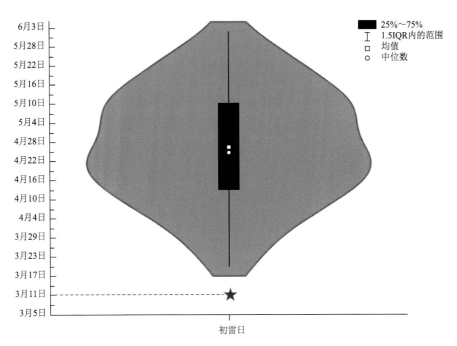

图 3.1　1951—2013 年呼和浩特市初雷日小提琴图

表 3.1　2021 年 3 月 11 日 08 时—12 日 08 时与
2022 年 3 月 11 日 08 时—12 日 08 时呼和浩特市雷电监测数据对比

时段	总闪数/个	正闪数/个	负闪数/个	最大正闪强度/kA	最大负闪强度/kA
2021 年 3 月 11 日 08 时—12 日 08 时	34	23	11	122.10	38.97
2022 年 3 月 11 日 08 时—12 日 08 时	58	30	28	221.56	131.90

3.2　天气形势概况

由 500 hPa 形势场分析可知,2021 年 3 月 11 日 20 时呼和浩特市处于高空脊前西北偏西气流控制中,2022 年 3 月 11 日 20 时受平直的偏西气流控制,2023 年 5 月 1 日 20 时受高空槽前西南风控制,2023 年 5 月 4 日 20 时受平直的偏西气流控制;由 850 hPa 形势场分析可知,2021 年 3 月 11 日 20 时呼和浩特市上空存在偏南风和偏东风的暖式切变,2022 年 3 月 11 日 20 时存在西北风和偏南风冷式切变,2023 年 5 月 1 日 20 时受西南风控制,2023 年 5 月 4 日 20 时受东北风冷平流控制;由地面形势场分析可知,2021 年 3 月 11 日 20 时呼和浩特市受倒槽的顶前部东南风控制,2022 年 3 月 11 日 20 时倒槽内部西南风,倒槽强度强,2023 年 5 月 1 日 20 时气旋东南象限受西南风控制,2023 年 5 月 4 日 20 时受北高南低偏东北风控制。

3.3　雷暴和阵雨回波强度廓线特征分析

本节选取描述回波强度廓线数据的特征参数共 7 个,包括 1 km 高度处回波强度、最大回波强度、回波顶高、风暴顶高、垂直累积液态水、垂直累积液态水密度、质心高度。

2022 年 3 月 11 日过程开始,18 时 31 分 27 秒 1 km 高度处回波强度达到 46.9 dBZ,19 时 11 分 48 秒最大回波强度达到最大,为 51 dBZ,是 4 个过程中强度最强、发展速度最快的过程。分析 2021 年和 2022 年的 3 月 11 日两个过程回波强度趋势线(图 3.2),开始能量爆发强度最强,之后逐渐减弱,表现为"开局即高潮";而 2023 年两个过程趋势线表现为强度缓慢增强(图 3.2)。

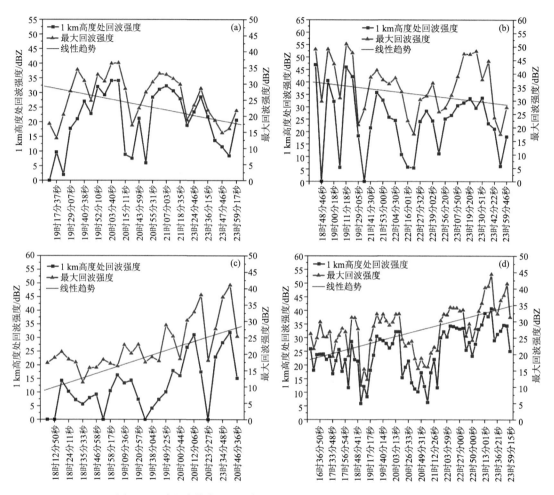

图 3.2　呼和浩特市 1 km 高度处回波强度和最大回波强度时序

(a)2021 年 3 月 11 日、(b)2022 年 3 月 11 日、(c)2023 年 5 月 1 日、(d)2023 年 5 月 4 日

从 $Z_{1\,km}$ 变化可见,2023 年的 5 月 1 日和 4 日的阵雨上分位数均小于 2021 年和 2022 年的 3 月 11 日的中位数,将雷阵雨的 $Z_{1\,km}$ 选定为 30 dBZ;从 Z_{max} 变化可见,5 月 1 日和 4 日的阵雨上分位数均小于 2022 年 3 月 11 日的中位数,也小于 2021 年 3 月 11 日的上四分位数,将雷阵雨的 Z_{max} 选定为 35 dBZ。

2021 年和 2022 年的 3 月 11 日雷阵雨过程回波顶高均值大于 3 km,明显高于 2023 年的 5 月 1 日和 4 日的阵雨过程,且 2021 年和 2022 年的 3 月 11 日过程中位数均高于 2023 年的 5 月 1 日和 4 日两次过程上分位数,将雷阵雨的回波顶高选定为 5.0 km(图 3.3)。

2021 年和 2022 年的 3 月 11 日雷阵雨过程风暴顶高均值大于 2 km,高于 2023 年的 5 月 1 日和 4 日的阵雨过程的最大值,将雷阵雨的风暴顶高选定为 2.5 km。

2021 年和 2022 年的 3 月 11 日雷阵雨过程质心高度均值大于 2.0 km,同时中位数也高于 2023 年的 5 月 1 日和 4 日的阵雨过程的上四分位数,将雷阵雨的质心高度选定为 2.8 km。

研究表明,回波顶高越高,回波强度越大,上冲速度越大,越易造成雷雨天气。

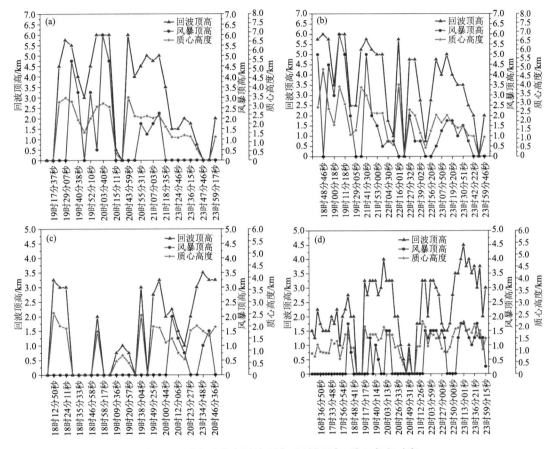

图 3.3　呼和浩特市回波顶高、风暴顶高、质心高度时序
(a)2021 年 3 月 11 日、(b)2022 年 3 月 11 日、(c)2023 年 5 月 1 日、(d)2023 年 5 月 4 日

2021 年和 2022 年的 3 月 11 日雷阵雨过程垂直累积液态水均值大于 1 kg·m⁻²,高于 2023 年的 5 月 1 日和 4 日的阵雨过程的最大值;2021 年和 2022 年的 3 月 11 日过程中位数均高于 2023 年的 5 月 1 日和 4 日两次过程的上四分位数,将雷阵雨的垂直累积液态水选定为 0.7 kg·m⁻²(图 3.4)。

2021 年和 2022 年的 3 月 11 日雷阵雨过程垂直累积液态水密度中位数均高于 2023 年的 5 月 1 日和 4 日两次阵雨过程上四分位数,将雷阵雨的垂直累积液态水密度选定为 0.25 g·m⁻³。

呼和浩特市气象站雷阵雨最终选取雷达参数阈值见表 3.2。

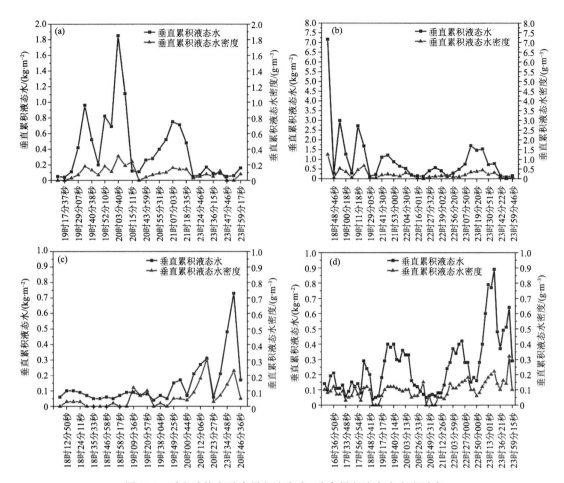

图 3.4　呼和浩特市垂直累积液态水、垂直累积液态水密度时序

(a)2021 年 3 月 11 日、(b)2022 年 3 月 11 日、(c)2023 年 5 月 1 日、(d)2023 年 5 月 4 日

表 3.2　呼和浩特市气象站雷达参数阈值

参数	阈值
1 km 高度处回波强度/dBZ	30
最大回波强度/dBZ	35
回波顶高/km	5.0
风暴顶高/km	2.5
垂直累积液态水/(kg·m^{-2})	0.70
垂直累积液态水密度/(g·m^{-3})	0.25
质心高度/km	2.8

参考文献

［1］　孙哲,魏鸣.春季与夏季两次雷暴大气结构及地闪特征对比[J].大气科学学报,2016,39(2):260-269.

［2］　张一平,俞小鼎,孙景兰,等.2012年早春河南一次高架雷暴天气成因分析[J].气象,2014,40(1):48-58.

［3］　常越,陈德生,郭在华.多普勒天气雷达与雷电预警关系研究[J].气象与环境科学,2010,33(1):36-39.

第 4 章　短时强降水回波强度廓线特征

短时强降水是指发生时间短、降水效率高的对流性降雨,其具有突发性强、局地性强、持续时间短、雨强大等特点,易引发山洪、滑坡、泥石流等次生地质灾害,是内蒙古地区主要的灾害性天气之一[1]。众多学者对短时强降水的分布特征和环境条件进行了研究[2-5],结果表明:短时强降水中最强回波所在高度一般很低,最强回波中心(45~55 dBZ)高度在 6 km 以下。段鹤等[6]对短时强降水进行了分型研究,他们分析了低质心弱辐合型短时强降水、低质心辐合型短时强降水和高质心短时强降水这三种短时强降水特征;吴杞平等[7]研究造成短时强降水对流云团尺度,指出大连地区短时暴雨是突发于混合性云团中的 β 中尺度回波;辛玮琦等[8]从回波演变特征分析了宜丰 4 次暴雨和大暴雨过程中的短时强降水;彭双姿等[9]提出了气旋性(反气旋)流场、负变压中心与强降水落区或移向有较好的对应关系,对短时强降水的落区、预警有较好的指示意义。

随着多普勒天气雷达的广泛应用,短时强降水的分析研究和预报预警能力得到了很大的提高。学者们根据雷达回波平均反射率、回波形状、回波速度等要素特征总结短时强降水预警指标[10]。使用雷达回波三维信息(反射率因子的水平梯度、垂直递减率、垂直廓线变化特征以及回波顶高等)自动识别短时强降水[11]。利用雷达回波形态特征建立了适合本地的暴雨雷达回波概念模型[12]。通过雷达回波分析指出短时强降水对应有两种回波结构:低质心和高质心;速度场上表现出的中小尺度辐合、低空急流加强等也可以作为短时强降水预警的重要指标[13]。

众多学者同时也在探索短时强降水预警方法。赵文等[14]探讨 VIL 滑动平均值以及 VIL 的移动与陇东南地区不同类型强降水之间的定量关系。张之贤等[15]研究了陇东南地区短时强降水的雷达回波特征,用整体和分型 Z-I 关系法定量估测降水。李德俊等[16]找出了适合恩施山区短时强降水天气的雷达临近预警指标。张卫国等[17]采用 SCE-UA 算法对雷达回波强度与降雨强度的关系式进行参数估算,从而达到预报短时强降水的目的。这些研究成果为识别和预警短时强降水天气做出了贡献。

由于短时强降水突发性强、成因复杂,在实际气象业务工作中存在预警和预报的困难。唐文苑等[18]的研究结果指出,2010—2015 年 4—9 月国家级天气落区主观分类预报中,6~24 h 时效逐 6 h 预报短时强降水的 TS 评分为 0.18~0.24,空报率为 55%~74%,漏报率为 62%~71%。因此,加强短时强降水的研究与检验工作对防灾减灾具有重要意义。本章基于呼和浩特市 C 波段雷达回波,运用小提琴图进行统计分析,选出雷达识别短时强降水参数阈值,并对2009 年测试样本进行检验评估。

4.1　资料与方法

4.1.1　降水资料处理

短时强降水定义为小时降水量达到或超过 20 mm,新疆、西藏、青海、甘肃、宁夏、内蒙古 6

省(区)气象局可自行定义短时强降水标准[19]。内蒙古地处北方,尤其中西部地区年平均降水量不足 400 mm,2004—2021 年呼和浩特市和林格尔县气象站小时雨量≥20 mm 的短时强降水记录仅有 8 条,结合内蒙古预报业务规定,故本节采用≥10 mm·h⁻¹ 降水数据进行分析。

呼和浩特市和林格尔县气象站(简称和林站),位于 111.15°E、40.68°N,海拔高度 1160 m,距离呼和浩特市新一代天气雷达站 67.19 km,2004—2021 年地面观测数据中雨强≥10 mm·h⁻¹ 的降水记录共有 55 条,见图 4.1。

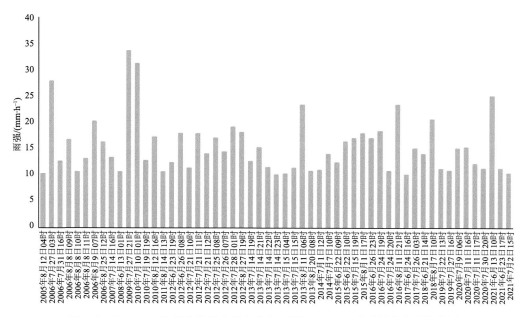

图 4.1　2004—2021 年和林格尔县气象站雨强≥10 mm·h⁻¹ 的降水量柱状图

4.1.2　降水资料分类

通过 55 条短时强降水记录检索雷达文件,其中有 3 条雨时记录没有雷达数据对应,因此对 52 条短时强降水雷达图像宏观分析表明,大范围稳定性降水有 21 次,占比约 40.4%,大范围稳定性降水个例中,连续小时雨量大于 10 mm 的是 2012 年 7 月 21 日 10 时、11 时和 12 时,分别为 11.4 mm、17.9 mm 和 14.1 mm;2013 年 7 月 14 日 19 时、21 时、22 时和 23 时小时雨量分别为 12.7 mm、15.3 mm、11.5 mm 和 10.1 mm。由于大范围稳定性降水与对流性降水机理不同,本节重点研究对流性降水,故大范围稳定性降水样本不予分析。

对流性降水共有 31 次,占比约 59.6%,其中普通单体型 3 次,多单体型 15 次,线性风暴(飑线)型 5 次,超级单体型 8 次。可见普通单体型占比最少只有约 9.7%,多单体风暴次数最多,占比约 48.4%。

4.1.3　雷达资料与处理方法

雷达资料为呼和浩特市新一代天气雷达观测基数据,书中时次均为北京时。雷达观测基数据存储方式为球坐标,采用坐标转换和插值方法[20]转化为三维直角坐标,生成水平分辨率 1 km、垂直分辨率 0.25 km 的三维雷达数据。应用地理坐标[21]按照和林站经度和纬度提取出和林站上空从地面到高空 15 km 的雷达回波强度数据、回波顶高等参数信息。

按时间匹配 31 条对流性短时强降水记录检索到 318 个雷达体扫文件,每条雨时记录平均对应 318/31≈10.26 个雷达体扫文件。318 条回波强度廓线数据中有 69 条廓线的最大强度<18 dBZ 数据,18 dBZ 是雷达产品回波顶高阈值[22],即该条回波强度廓线回波顶高为 0,原因是短时强降水时空变率大,小时雨量>10 mm,但短时强降水可能只发生在几个体扫探测时段内,其余时间回波变小,甚至为 0 dBZ,故舍弃廓线的最大强度<18 dBZ 的廓线记录,余下 249 条进行分析。

大量研究[23-26]表明,发生短时强降水时,组合反射率因子、回波顶高、风暴顶高、垂直累积液态水等雷达产品均可提供定量化判据。本章选取用于鉴别回波强度廓线数据的参数共 6 个,包括 1 km 高度处回波强度、最大回波强度、回波顶高、风暴顶高、垂直累积液态水、垂直累积液态水密度。

4.2　雷达特征量小提琴图形分析

本节使用小提琴图分析数据分布情况,见图 4.2。小提琴图为箱线图与核密度图的结合,可以显示数据的分布情况与概率密度,横轴表示回波强度廓线特征值的数据分布情况,竖轴表示特征值大小。在图 4.2 中,白点是中位数,黑色箱子是 25% 分位数和 75% 分位数之间的范围,细黑线为须线,外部形状为核密度百分比。

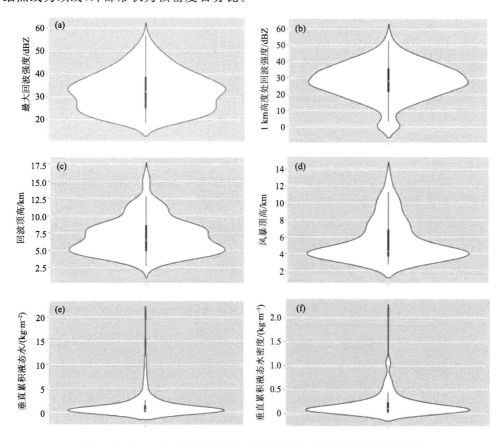

图 4.2　2004—2021 年和林格尔县气象站短时强降水过程小提琴图

4.2.1　最大回波强度

在区域内最大回波强度分布较不均匀,主峰值 34 dBZ,次峰值 26 dBZ,呈正偏(上侧的须比下侧的须更长)。最大回波强度分布为左偏分布,部分个例最大回波强度偏低,分布偏离了整体。中位数为 32.3 dBZ,25%～75%四分位数为 25.4～38.2 dBZ,最小值到最大值范围为 8.4～56.7 dBZ,最大回波强度阈值粗选＞25.4 dBZ(表 4.1),这与滇西高原短时强降水类似[27],但低于我国中东部的其他地区[28-30]。

表 4.1　对流性短时强降水回波强度廓线统计

参数	最大值	75%四分位数	中位数	25%四分位数	最小值
1 km 高度处回波强度/dBZ	56.7	35.2	28.4	22.0	0
最大回波强度/dBZ	56.7	38.2	32.3	25.4	8.4
回波顶高/km	16.0	8.5	6.5	5.0	2.8
风暴顶高/km	13.3	6.8	4.3	3.8	2.8
垂直累积液态水/(kg·m^{-2})	20.70	1.20	0.40	0.20	0.01
垂直累积液态水密度/(g·m^{-3})	2.10	0.20	0.10	0.05	0.01

4.2.2　1 km 高度处回波强度

1 km 高度处回波强度分布比较均匀,以中位数为中心,均匀向两端分布。峰值为 28.4 dBZ,1 km 高度处回波强度峰值小于最大回波强度主峰值,中位数为 28.4 dBZ,25%～75%四分位数为 22.0～35.2 dBZ,最小值到最大值范围为 0～56.7 dBZ,1 km 高度处回波强度阈值粗选＞22.0 dBZ。

4.2.3　回波顶高

回波顶高有 3 个峰值,主峰值是 5.0 km,次峰值是 7.7 km,第 3 个峰值超过 10.0 km。经个例分析判断为伴有冰雹的短时强降水,在区域内回波顶高分布较不均匀,存在正偏(上侧的须比下侧的须更长)。在正偏方向有部分个例含量超过了上须的延伸极限,说明可能存在顶高显著高于其余个例的过程,回波顶高分布为右偏分布,部分个体回波顶高偏高,分布偏离了整体,中位数为 6.5 km,25%～75%四分位数为 5.0～8.5 km,最小值到最大值范围为 2.8～16.0 km,回波顶高阈值粗选＞5.0 km。小于新疆短时强降水天气雷达回波特征阈值[31]。

4.2.4　风暴顶高

风暴顶高分布较不均匀,存在正偏(上侧的须比下侧的须更长),风暴顶高分布为右偏分布,部分个体回波顶高偏高,分布偏离了整体。风暴顶高峰值为 4.0 km,发生短时强降水时中位数为 4.3 km,25%～75%四分位值为 3.8～6.8 km,最小值到最大值范围为 2.8～13.3 km,风暴顶高阈值粗选＞3.8 km。超过新疆短时强降水天气雷达回波特征类似阈值。

4.2.5　垂直累积液态水

垂直累积液态水分布较不均匀,存在正偏(上侧的须比下侧的须更长)。在正偏方向有部分个例含量超过了上须的延伸极限,说明可能存在垂直累积液态水显著高于其余个例的过程,垂直累积液态水分布为右偏分布,部分个体回波顶高偏高,分布偏离了整体,峰值 0.4 kg·m^{-2}。发生短时强降水时中位数为 0.40 kg·m^{-2},25%～75%四分位值为 0.20～1.20 kg·m^{-2},最小值

到最大值范围为 $0.01 \sim 20.70\ \mathrm{kg \cdot m^{-2}}$，VIL 阈值粗选 $>0.20\ \mathrm{kg \cdot m^{-2}}$。小于滇西高原阈值[29]。

4.2.6　垂直累积液态水密度

垂直累积液态水密度分布较不均匀，存在正偏(上侧的须比下侧的须更长)。垂直累积液态水密度分布为右偏分布，部分个体回波顶高偏高，分布偏离了整体，峰值 $0.10\ \mathrm{g \cdot m^{-3}}$。中位数为 $0.10\ \mathrm{g \cdot m^{-3}}$，$25\% \sim 75\%$ 四分位值为 $0.05 \sim 0.20\ \mathrm{g \cdot m^{-3}}$，最小值到最大值范围为 $0.01 \sim 2.10\ \mathrm{g \cdot m^{-3}}$，VILD 阈值粗选 $>0.05\ \mathrm{g \cdot m^{-3}}$。

4.3　阈值检验指标

按照中国气象局降水评分标准，计算逐小时降水的 TS 评分(S_{TS})、空报率(R_{FAR})、漏报率(R_{PO})和命中率(R_{POD})，计算方法如下：

TS 评分：

$$S_{\mathrm{TS}} = \frac{a_{\mathrm{NA}}}{a_{\mathrm{NA}} + b_{\mathrm{NB}} + c_{\mathrm{NC}}} \times 100\%$$

空报率：

$$R_{\mathrm{FAR}} = \frac{b_{\mathrm{NB}}}{a_{\mathrm{NA}} + b_{\mathrm{NB}}} \times 100\%$$

漏报率：

$$R_{\mathrm{PO}} = \frac{c_{\mathrm{NC}}}{a_{\mathrm{NA}} + c_{\mathrm{NC}}} \times 100\%$$

命中率：

$$R_{\mathrm{POD}} = \frac{a_{\mathrm{NA}}}{a_{\mathrm{NA}} + c_{\mathrm{NC}}} \times 100\%$$

式中，a_{NA} 是识别短时强降水的正确数，b_{NB} 是识别有短时强降水但未出现短时强降水，即空报数，c_{NC} 是未识别出短时强降水但出现了短时强降水，即漏报数。

采用 25% 分位数作为雷达强度廓线阈值识别短时强降水，从 2009 年 6—8 月样本中筛选出 152 条记录，按照雷达观测时间归并，最后进入检验的样本数有 51 条廓线记录。小时雨强简记为 R，$R \geqslant 10\ \mathrm{mm}$ 及 $4.9\ \mathrm{mm} \leqslant R < 10\ \mathrm{mm}$ 命中率明显高于一般性降水($1\ \mathrm{mm} \leqslant R < 4.9\ \mathrm{mm}$ 及 $0\ \mathrm{mm} \leqslant R < 1\ \mathrm{mm}$)，粗选阈值判别短时强降水的命中率较高；由于短时强降水局地性和不确定性强，$R \geqslant 10\ \mathrm{mm}$ 及 $4.9\ \mathrm{mm} \leqslant R < 10\ \mathrm{mm}$ 空报率明显高于一般性降水($0\ \mathrm{mm} \leqslant R < 1\ \mathrm{mm}$)，而空报率和漏报率本身存在一定的矛盾，较低的漏报率会引起空报率增大，所以 $R \geqslant 10\ \mathrm{mm}$ 及 $4.9\ \mathrm{mm} \leqslant R < 10\ \mathrm{mm}$ 漏报率明显低于一般性降水($0\ \mathrm{mm} \leqslant R < 1\ \mathrm{mm}$)；短时强降水逐小时 TS 评分小于 0.15，一般性降水逐小时 TS 评分小于 0.3(表 4.2)。

表 4.2　2009 年 6—8 月和林短时强降水预报效果检验

小时雨强	样本数/个	命中率/%	空报率/%	漏报率/%	TS 评分/%
$R \geqslant 10\ \mathrm{mm}$	1	100.00	98.00	0	2.00
$4.9\ \mathrm{mm} \leqslant R < 10\ \mathrm{mm}$	8	88.90	84.30	11.11	15.40
$1\ \mathrm{mm} \leqslant R < 4.9\ \mathrm{mm}$	23	64.50	60.80	35.48	32.26
$0\ \mathrm{mm} \leqslant R < 1\ \mathrm{mm}$	93	33.63	25.49	66.37	30.16

参考文献

[1] 赵斐,樊斌,马学峰,等.内蒙古气象灾害时空分布特征[J].内蒙古科技与经济,2016,42(23):45-48.

[2] 薛敞,唐亚平,王丽娜,等.2015—2019 年甘肃平凉地区夏季短时强降水时空分布及天气形势特征[J].气象与环境学报,2022,38(1):57-64.

[3] 苏军锋,张锋,黄玉霞,等.甘肃陇南市短时强降水时空分布特征及中尺度分析[J].干旱气象,2021,39(6):966-973.

[4] 肖蕾,杜小玲,武正敏,等.贵州省短时强降水时空分布特征分析[J].暴雨灾害,2021,40(4):383-392.

[5] 孙继松.从天气动力学角度看云物理过程在降水预报中的作用[J].气象,2014,40(1):1-6.

[6] 段鹤,夏文梅,苏晓力,等.短时强降水特征统计及临近预警[J].气象,2014,40(10):1194-1206.

[7] 吴杞平,王树雄,李燕,等.2004—2009 年大连地区短时暴雨分析预报[J].气象与环境学报,2012,28(2):71-76.

[8] 辛玮琦,马中元,谌云,等.宜丰短时强降水雷达回波特征分析[J].沙漠与绿洲气象,2021,15(2):70-80.

[9] 彭双姿,姚蓉,刘从省,等."2010·05"湘中突发性强降水过程雷达回波特征分析[J].暴雨灾害,2010,29(4):363-369.

[10] 谢玉华,蔡菁,赖巧珍.龙岩地区不同类型短时暴雨雷达特征研究[J].气象研究与应用,2018,39(1):59-62,152-155.

[11] 张乐坚,储凌,叶芳,等.使用雷达回波三维信息自动识别降水类型的方法[J].大气科学学报,2012,35(1):95-102.

[12] 孙莹,王艳兰,唐熠,等.短时暴雨天气雷达回波概念模型的建立[J].高原气象,2011,30(1):235-244.

[13] 郝莹,姚叶青,郑媛媛,等.短时强降水的多尺度分析及临近预警[J].气象,2012,38(8):903-912.

[14] 赵文,张强,赵建华.陇东南地区强降水过程与雷达 VIL 产品的定量关系研究[J].高原气象,2016,35(2):528-537.

[15] 张之贤,张强,赵庆云,等.陇东南地区短时强降水的雷达回波特征及其降水反演[J].高原气象,2014,33(2):530-538.

[16] 李德俊,唐仁茂,熊守权,等.强冰雹和短时强降水天气雷达特征及临近预警[J].气象,2011,37(4):474-480.

[17] 张卫国,范仲丽,钟伟,等.雷达回波外推方法在临近降雨预报中的应用[J].中国农村水利水电,2018(9):69-73,120.

[18] 唐文苑,周庆亮,刘鑫华,等.国家级强对流天气分类预报检验分析[J].气象,2017,43(1),67-76.

[19] 李德俊,唐仁茂,熊守权,等.强冰雹和短时强降水天气雷达特征及临近预警[J].气象,2011,37(4)474-480.

[20] 张卫国,范仲丽,钟伟,等.雷达回波外推方法在临近降雨预报中的应用[J].中国农村水利水电,2018(9):69-73.

[21] 李书严,李伟,王京丽.网上雷达回波经纬度定位系统的设计与建立[J].气象科技,2006(4):509-512.

[22] 俞小鼎.多普勒天气雷达原理与业务应用[M].北京,气象出版社,2006.

[23] 刘新伟,蒋盈沙.基于雷达产品和随机森林算法的冰雹天气分类识别及预报[J].高原气象,2021,40(4):898-908.

[24] 张俊兰,李伟,郑育琳.昆仑山北坡短时强降水天气分型及雷达回波特征分析[J].沙漠与绿洲气象,2022,16(1):1-9.

[25] 吴涛,万玉发,王珊珊.多雷达反演参量联合的短时强降水识别方法研究[J].高原气象,2012,31(5):1393-1406.

[26] 杨涛,杨莲梅,张云惠,等,新疆短时强降水天气系统环流配置及雷达回波特征[J].干旱气象,2021,39

　　　　(4):631-640.

[27] 张崇莉,向明坌,赖云华,等.滇西北高原冰雹、短时强降水的多普勒雷达回波特征比较[J].暴雨灾害,
　　　　2011,30(1):64-69.

[28] 苏俐敏,夏文梅,马中元,等.2012年江西宜春四类短时强降水特征分析[J].气象科学,2014,34(6):
　　　　700-708.

[29] 吴杞平,王树雄,李燕,等.2004—2009年大连地区短时暴雨分析预报[J].气象与环境学报,2012,28
　　　　(2):71-76.

[30] 彭九慧,易永力.河北省承德市短时强降水的多普勒雷达特征分析[J].干旱气象 2010,28(2):184-189.

[31] 庄晓翠,张云惠,周雪英,等.新疆短时强降水天气雷达回波特征[J].气象,2021,47(11):1402-1414.

第 5 章　冰雹雷达客观识别方法研究

冰雹是一种强对流天气,具有突发性强、易致灾等特点,常常严重影响人民的生活生产,是内蒙古地区主要的灾害性天气之一[1]。众多学者对冰雹的形成机制、时空分布、结构演变进行了研究[2-8]。仇娟娟等[9]分析了苏沪浙地区发生冰雹天气的环境场,归纳了两种强对流天气的物理量阈值;肖云等[10]归纳了江西省冰雹、雷暴大风和短时强降水的环境物理量阈值;金米娜等[11]指出适宜的 0 ℃ 和 −20 ℃ 层高度有利于冰雹增长;马中元等[12]研究指出,飑线移动前方不断产生具有“前伸”、三体散射长钉(TBSS)和虚假回波结构的局地超级雹云单体回波群,这些中小尺度系统是产生冰雹灾害的主要系统。这些研究都为冰雹的监测预报提供了重要的理论依据。

随着多普勒天气雷达的广泛应用,冰雹的分析研究和预报预警能力得到了很大的提高。俞小鼎等[13]总结了新一代天气雷达的强对流天气预警指标,也有学者根据雷达回波平均反射率、回波形状、回波速度等要素特征总结冰雹预警指标[14,15],使用双偏振雷达回波信息(差分反射率因子、相关系数、差分相移动率)建立超级单体风暴降雹阶段双偏振监测识别模型[16]。这些研究为识别和预警冰雹天气做出了贡献。

由于冰雹突发性强、局地性强且成因复杂,在实际气象业务工作中存在预警预报的困难。唐文苑等[17]的研究结果指出,2015—2019 年 4～9 月国家级天气落区主观分类预报中,6～24 h 预报时效冰雹的 TS 评分为 0.01～0.07,空报率都在 80% 以上,因此进一步提高冰雹的预报准确率对防灾减灾具有重要意义。大量研究[18-23]表明,组合反射率因子、回波顶高、风暴顶高、垂直累积液态水等雷达产品可为强天气识别提供定量化判据。内蒙古地区还未开展利用上述雷达相关产品识别冰雹的相关研究,因此本章基于呼和浩特市 C 波段雷达回波,近地面回波强度、回波强度最大值、回波顶高、风暴顶高、垂直累积液态水、垂直累积液态水密度 6 个雷达相关参数,运用小提琴图进行统计分析,初步探讨雷达识别冰雹的方法效果,总结雷达产品识别冰雹的阈值指标,为呼和浩特地区冰雹的监测预警提供更多支撑。

5.1　资料与方法

5.1.1　冰雹数据介绍

本书统计了 2015—2021 年呼和浩特地区发生的冰雹次数共 85 次,共 54 个冰雹日,见表 5.1。鉴于武川地区是冰雹高发区[24],距离呼和浩特市新一代天气雷达站 24 km,其海拔高度 1637.3 m,与呼和浩特雷达站海拔高度相近,是研究冰雹天气的理想区域,因此本节将武川地区 2015—2021 年发生的 19 次冰雹数据作为建立雷达客观识别方法的训练数据(表 5.1 第二列和第六列标蓝色处),包括训练数据的所有冰雹数据作为检验数据(一个冰雹日或有多站发生冰雹)。

表 5.1　2015—2021 年呼和浩特地区冰雹天气过程与雷达客观识别方法识别正确率统计

冰雹天气过程		中位数	25％四分位数	冰雹天气过程		中位数	25％四分位数
武川县	2015 年 6 月 11 日			呼和浩特市	2019 年 4 月 24 日		
呼和浩特市	2015 年 6 月 25 日			武川县	2019 年 6 月 16 日	√	√
武川县	2015 年 7 月 9 日	√	√	武川县	2019 年 7 月 5 日	√	√
土左旗	2015 年 7 月 18 日		√	武川县	2019 年 7 月 9 日	√	√
武川县	2015 年 7 月 29 日		√	土左旗	2019 年 7 月 12 日		
托克托县	2015 年 8 月 4 日	√	√	土左旗	2019 年 7 月 19 日		√
呼和浩特市	2015 年 8 月 30 日		√	清水河县	2019 年 8 月 6 日	√	√
武川县	2016 年 5 月 24 日			土左旗	2019 年 8 月 9 日	√	√
土左旗	2016 年 6 月 9 日			武川县	2019 年 8 月 15 日	√	√
土左旗	2016 年 6 月 13 日	√	√	武川县	2020 年 6 月 13 日	√	√
赛罕区	2016 年 6 月 28 日			清水河县	2020 年 6 月 22 日		
赛罕区	2016 年 6 月 29 日			呼和浩特市	2020 年 6 月 29 日		
武川县	2016 年 7 月 27 日	√	√	清水河县	2020 年 7 月 4 日	√	√
武川县	2016 年 7 月 31 日			赛罕区	2020 年 7 月 5 日		
呼和浩特市	2016 年 9 月 3 日			武川县	2020 年 7 月 8 日	√	√
武川县	2016 年 9 月 7 日			和林格尔县	2020 年 7 月 9 日	√	√
武川县	2016 年 9 月 13 日	√	√	赛罕区	2020 年 7 月 11 日	√	√
呼和浩特市	2016 年 9 月 22 日			和林格尔县	2020 年 7 月 12 日		
清水河县	2016 年 9 月 25 日			清水河县	2020 年 7 月 15 日	√	√
呼和浩特市	2017 年 4 月 13 日			武川县	2020 年 7 月 17 日		
赛罕区	2017 年 7 月 5 日	√	√	和林格尔县	2020 年 7 月 28 日		
武川县	2017 年 5 月 28 日			和林格尔县	2020 年 7 月 30 日		√
托克托县	2017 年 8 月 4 日		√	武川县	2020 年 8 月 1 日	√	√
土左旗	2017 年 8 月 8 日	√		武川县	2020 年 8 月 7 日	√	√
和林格尔县	2017 年 8 月 17 日			土左旗	2020 年 8 月 8 日	√	√
托克托县	2018 年 6 月 21 日	√	√	赛罕区	2020 年 8 月 12 日	√	√
托克托县	2018 年 7 月 8 日	√	√	呼和浩特市	2020 年 9 月 6 日	√	√

注：√ 表示识别出。

5.1.2　雷达资料与处理方法

本研究使用呼和浩特 C 波段天气雷达基数据。对雷达资料进行质量控制后,应用最近领域法和垂直方向线性内插法相结合插值到三维笛卡尔坐标系中,形成三维雷达回波网格数据集,生成水平分辨率 1 km,垂直分辨率 0.25 km 的三维雷达数据。应用地理坐标[25] (按照武川经度和纬度)提取出武川县气象站从地面到高空 15 km 的雷达回波强度数据、回波顶高等参数信息。

本书采用的雷达回波强度廓线的参数共 6 个,包括最大回波强度、1 km 高度处回波强度、回波顶高、风暴顶高、垂直累积液态水、垂直累积液态水密度。

5.2　雷达特征量小提琴图形分析

本书使用小提琴图分析数据分布情况。小提琴图为箱线图与核密度图的结合,可以显示数据的分布情况与概率密度。以图 5.1a 为例,横轴表示回波强度廓线特征值的数据分布情况,竖轴表示特征值大小。在小提琴图中,白点是中位数,黑色箱子是 25% 分位数和 75% 分位数之间的范围,细黑线为须线,外部形状为核密度百分比。小提琴图中如果细黑线不以中位数对称时,数据分布是呈现偏态的,其中右偏(正偏)分布指中位数更靠近下四分位数,左偏(负偏)分布指中位数更靠近上四分位数。

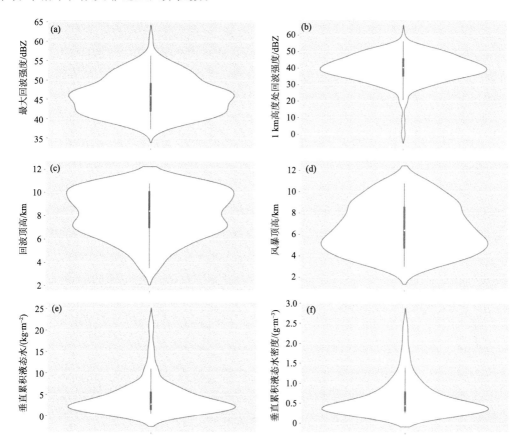

图 5.1　2015—2021 年武川冰雹小提琴图

5.2.1　最大回波强度

从 2015—2021 年武川冰雹最大回波强度小提琴图(图 5.1a)表明,冰雹的最大回波强度值分布极不均匀,主峰值 46.00 dBZ,次峰值 42.00 dBZ。最大回波强度值分布为负偏分布,部分个例最大回波强度值偏高,分布偏离了整体。中位数为 45.95 dBZ,25%～75% 四分位数为 42.00～48.00 dBZ,最小值到最大值范围为 37.00～56.00 dBZ。

5.2.2　1 km 高度处回波强度

从 2015—2021 年武川冰雹 1 km 高度处回波强度小提琴图(图 5.1b)表明,1 km 高度处回波强度分布均匀。主峰值 39.00 dBZ,中位数为 40.35 dBZ,25%～75%四分位数为 35.48～46.00 dBZ,最小值到最大值范围为 20.20～56.00 dBZ。

5.2.3　回波顶高

从 2015—2021 年武川冰雹回波顶高小提琴图(图 5.1c)表明,回波顶高有 2 个峰值,主峰值是 10 km,次峰值是 7 km,回波顶高分布较不均匀,存在正偏(上侧的须比下侧的须更长)。在正偏方向有部分个例含量超过了上须的延伸极限,说明可能存在顶高显著高于其余个例的过程,中位数为 8.38 km,25%～75%四分位数为 7.0～10.2 km,最小值到最大值范围为 3.5～10.8 km。

5.2.4　风暴顶高

从 2015—2021 年武川冰雹风暴顶高小提琴图(图 5.1d)表明,风暴顶高分布较不均匀,存在正偏(上侧的须比下侧的须更长),风暴顶高分布为右偏分布,部分个体回波顶高偏高,分布偏离了整体。风暴顶高主峰值为 5.2 km,次峰值为 9.0 km,发生冰雹时中位数为 6.38 km,25%～75% 四分位数为 4.75～8.8 km,最小值到最大值范围为 3～11 km。

5.2.5　垂直累积液态水

从 2015—2021 年武川冰雹垂直累积液态水小提琴图(图 5.1e)表明,垂直累积液态水分布较均匀,存在正偏(上侧的须比下侧的须更长)。在正偏方向有部分个例含量超过了上须的延伸极限,说明可能存在垂直累积液态水显著高于其余个例的过程,垂直累积液态水分布为右偏分布,部分个体回波顶高偏高,分布偏离了整体,峰值为 2.0 kg·m^{-2}。发生冰雹时中位数为 2.74 kg·m^{-2},25%～75%四分位数为 1.54～6.00 kg·m^{-2},最小值到最大值范围为 1～11 kg·m^{-2}。

5.2.6　垂直累积液态水密度

从 2015—2021 年武川冰雹垂直累积液态水密度小提琴图(图 5.1f)表明,垂直液态水密度分布不均匀,存在正偏(上侧的须比下侧的须更长)。垂直累积液态水密度分布为右偏分布,部分个体回波顶高偏高,分布偏离了整体,峰值为 0.4 g·m^{-3}。中位数为 0.44 g·m^{-3},25%～75%四分位数为 0.31～0.75 g·m^{-3},最小值到最大值范围为 0.25～1.40 g·m^{-3}。

综上所述,通过统计出武川冰雹的最大回波强度等 6 个物理量统计值,选择分别同时大于这 6 个物理量的下四分位数和中位数作为识别冰雹的雷达阈值,建立呼和浩特地区冰雹雷达客观识别方法,阈值见表 5.2。

表 5.2　冰雹雷达回波识别阈值

参数	中位数	25%四分位数
1 km 高度处回波强度/dBZ	40.35	35.48
最大回波强度/dBZ	45.95	42.00
回波顶高/km	8.38	7.00
风暴顶高/km	6.38	4.75
垂直累积液态水/(kg·m^{-2})	2.74	1.54
垂直累积液态水密度/(g·m^{-3})	0.44	0.31

5.3 冰雹检验

为检验冰雹雷达客观识别方法确定的阈值,对呼和浩特地区 2015—2021 年发生的一共 54 个冰雹天气过程进行检验。分别采用雷达廓线参数中位数和下四分数识别冰雹,分别识别出 28 d 和 34 d,具体见表 5.1,因此冰雹识别正确率分别为 $28/54 \approx 0.52$ 和 $34/54 \approx 0.63$。

参考文献

[1] 赵斐,樊斌,马学峰,等.内蒙古气象灾害时空分布特征[J].内蒙古科技与经济,2016,23:42-45.

[2] 韩颂雨,罗昌荣,魏鸣,等.三雷达、双雷达反演降雹超级单体风暴三维风场结构特征研究[J].气象学报,2017,75(5):757-770.

[3] 吴海英,陈海山,刘梅,等.长生命史超级单体结构特征与形成维持机制[J].气象,2017,43(2):141-150.

[4] 张玉洁,苑文华,张武.两次长寿命孤立超级单体风暴结构差异性分析[J].高原气象,2019,38(5):1058-1068.

[5] 于怀征,刁秀广,孟宪贵,等.山东省一次罕见强对流天气的环境场及雷达特征分析[J].暴雨灾害,2020,39(5):477-486.

[6] 王秀明,钟青,韩慎友.一次冰雹天气强对流(雹)云演变及超级单体结构的个例模拟研究[J].高原气象,2009,28(2):352-365.

[7] 农孟松,赖珍权,梁俊聪.2012 年早春广西高架雷暴冰雹天气过程分析[J].气象,2013,39(7):874-882.

[8] 汤兴芝,俞小鼎,姚瑶,等.华东一次极端冰雹天气过程雷达回波特征的比较分析[J].高原气象,2023,42(4):1078-1092.

[9] 仇娟娟,何立富.苏沪浙地区短时强降水与冰雹天气分布及物理量特征对比分析[J].气象,2013,39(5):577-584.

[10] 肖云,何金海,许爱华,等.江西省三类强天气环境物理量对比分析[J].科学技术与工程,2016,16(14):107-114.

[11] 金米娜,陈云辉,许爱华,等.2013 年 3 月 19 日江西省冰雹天气成因分析[J].暴雨灾害,2013,32(2):158-166.

[12] 马中元,叶小峰,张瑛,等.江西三类致灾大风天气活动与回波特征分析[J].气象,2011,37(9):1108-1117.

[13] 俞小鼎,王迎春,陈明轩,等.新一代天气雷达与强对流天气预警[J].高原气象,2005,24(3):456-464.

[14] 鲁德金,陈钟荣,袁野,等.安徽地区春夏季冰雹云雷达回波特征分析[J].气象,2015,41(9):1104-1110.

[15] 李欢欢,马中元,袁春,等.新余 5 次冰雹过程雷达回波特征分析[J].气象水文海洋仪器,2023,40(1):27-31.

[16] 陈龙,唐明晖,唐佳,等.2021 年春湖南东北部降雹超级单体的双偏振雷达回波特征[J].暴雨灾害,42(2):211-222.

[17] 唐文苑,周庆亮,刘鑫华,等.国家级强对流天气分类预报检验分析[J]气象,2017,43(1):67-76.

[18] 张俊兰,李伟,郑育琳.昆仑山北坡短时强降水天气分型及雷达回波特征分析[J].沙漠与绿洲气象,2022,16(1):1-9.

[19] 吴涛,万玉发,王珊珊.多雷达反演参量联合的短时强降水识别方法研究[J].高原气象,2012,31(5):1393-1406.

[20] 杨涛,杨莲梅,张云惠,等.新疆短时强降水天气系统环流配置及雷达回波特征[J].干旱气象,2021,39(4):631-640.

[21] AMBERN S,WOLF P. VIL densitiny as a hail indicator[J].Wea Forecasting,1997,12:473-478.

［22］付双喜,安林,康凤琴,等.VIL 在识别冰雹云中的应用及估测误差分析[J].高原气象,2004,23(6):810-814.

［23］郑金盈,吕作俊,闫银霞,等.三门峡新一代天气雷达冰雹回波特征分析,2007,s1:25-27.

［24］李林惠,孔文甲,樊斌,等.内蒙古冰雹时空分布特征分析[J].北京农业,2014,6:169-173.

［25］李书严,李伟,王京丽.网上雷达回波经纬度定位系统的设计与建立[J].气象科技,2006,4:509-512.

第 6 章　雷暴大风雷达客观识别方法研究

雷暴大风是一种强对流天气,主要危害是风灾,容易吹倒建筑物或大树而产生灾害。随着多普勒天气雷达的广泛应用,雷暴大风可以通过雷达强度回波确定雷暴的强弱,通过多普勒速度确定风的大小。

6.1　资料选取

选取呼和浩特市 6 个气象站 2015—2021 年雷暴大风记录(表 6.1),共有 50 个雷暴大风日。其中将单站雷暴大风统计为"站日",以武川县气象站为例,共有 31 个站日。

表 6.1　呼和浩特市 6 气象站 2015—2021 年雷暴大风记录

时间	发生地	时间	发生地
2015 年 6 月 4 日 10—13 时	市区、郊区、土左旗	2018 年 6 月 3 日 02 时	武川县、市区
2015 年 6 月 9 日 17 时	市区	2018 年 6 月 12 日 10—18 时	市区、土左旗、托克托县
2015 年 6 月 11 日 16—19 时	托克托县、市区、郊区、土左旗	2018 年 6 月 21 日 11—16 时	武川县、土左旗、市区、郊区、托克托县、和林格尔县
2015 年 7 月 14 日 14—23 时	土左旗、托克托县、市区、郊区	2018 年 7 月 15 日 13—21 时	武川县、土左旗、市区、郊区、托克托县、和林格尔县
2015 年 7 月 23 日 15—17 时	市区、郊区、托克托县	2018 年 7 月 19 日 03—16 时	武川县、土左旗、市区、郊区、托克托县、和林格尔县
2015 年 8 月 4 日 11—15 时	土左旗、托克托县、市区、郊区	2018 年 8 月 6 日 11—22 时	武川县、土左旗、市区、郊区、托克托县、和林格尔县
2015 年 8 月 17 日 02—03 时	土左旗、市区、郊区	2019 年 6 月 6 日 13—22 时	土左旗、市区、郊区、托克托县、武川县、和林格尔县
2016 年 6 月 13 日 14—20 时	土左旗、市区、郊区、托克托县	2019 年 6 月 15 日 14—19 时	市区、郊区、托克托县、和林格尔县、土左旗、武川县
2016 年 6 月 27 日 14—21 时	土左旗、市区、郊区、托克托县、和林格尔县	2019 年 6 月 16 日 13—19 时	土左旗、市区、郊区、托克托县、和林格尔县、武川县
2016 年 6 月 29 日 16—21 时	市区、郊区、土左旗	2019 年 6 月 23 日 16—17 时	土左旗、武川县
2016 年 7 月 14 日 15—19 时	土左旗、托克托县、市区、郊区	2019 年 7 月 4 日 23—20 时	托克托县、和林格尔县、武川县、土左旗

续表

时间	发生地	时间	发生地
2016 年 7 月 28 日 01—04 时	土左旗、市区、郊区	2019 年 7 月 4 日 23 时— 2019 年 7 月 5 日 20 时	武川县、土左旗、和林格尔县、托克托县、市区、郊区
2016 年 7 月 30 日 02—10 时	武川县、土左旗、市区、郊区、托克托县	2019 年 8 月 6 日 13—23 时	武川县、郊区、土左旗、和林格尔县、托克托县
2017 年 6 月 17 日 14—22 时	武川县、土左旗、市区、郊区、托克托县、和林格尔县	2019 年 8 月 9 日 14—22 时	武川县、土左旗、托克托县、市区、郊区、和林格尔县
2017 年 6 月 18 日 03—15 时	武川县、土左旗、市区、郊区、和林格尔县	2019 年 8 月 15 日 15—19 时	市区、土左旗、武川县
2017 年 6 月 21 日 16—19 时	土左旗、市区、郊区、和林格尔县	2019 年 8 月 26 日 07—11 时	武川县、土左旗、托克托县、和林格尔县、郊区、市区
2017 年 6 月 28 日 14—20 时	武川县、土左旗、市区、郊区、托克托县、和林格尔县	2020 年 6 月 1 日 14—16 时	市区、土左旗、托克托县、和林格尔县、武川县
2017 年 7 月 2 日 13—22 时	武川县、土左旗、市区、郊区、托克托县、和林格尔县	2020 年 6 月 6 日 19 时	土左旗、托克托县
2017 年 7 月 3 日 13—24 时	武川县、土左旗、市区、郊区、托克托县、和林格尔县	2020 年 6 月 20 日 13—18 时	武川县、土左旗、和林格尔县、托克托县
2017 年 7 月 5 日 15—19 时	武川县、土左旗、市区、郊区、托克托县、和林格尔县	2020 年 6 月 25 日 02—18 时	土左旗
2017 年 7 月 11 日 03—09 时	武川县、土左旗、市区、郊区、托克托县、和林格尔县	2020 年 6 月 29 日 14—18 时	武川县、土左旗、和林格尔县、市区、郊区、托克托县
2017 年 7 月 13 日 17 时— 7 月 14 日 17 时	武川县、土左旗、市区、郊区、托克托县、和林格尔县	2020 年 6 月 29 日 22—00 时	托克托县、市区、和林格尔县
2017 年 7 月 14 日 12—20 时	武川县、市区、托克托县、和林格尔县	2020 年 7 月 8 日 16—22 时	土左旗、武川县、和林格尔县、市区、郊区、托克托县
2017 年 8 月 18 日 02—09 时	土左旗、托克托县、和林格尔县	2020 年 7 月 30 日 16—23 时	托克托县、武川县、土左旗、和林格尔县、市区、郊区
2018 年 6 月 2 日 14—18 时	武川县、市区、和林格尔县	2020 年 8 月 8 日 17 时	武川县、市区

呼和浩特新一代天气雷达以体扫 VCP11（14/5）工作时，每小时有超过 12 个文件，以 VCP21（9/6）工作时，每小时有 10 个文件，按武川县气象站雷暴大风发生时段检索雷达文件，对雷达资料进行质量控制后，应用最近领阈法和垂直方向线性内插法相结合插值到三维笛卡尔坐标系中，形成三维雷达回波网格数据集，生成水平分辨率 1 km，垂直分辨率 0.25 km 的三维雷达数据。应用地理坐标（按照武川经度和纬度）提取出武川县气象站从地面到高空 15 km 的雷达回波强度数据、多普勒速度信息。将雷达廓线数据强度均值<1 dBZ 的舍弃，有 868 条记录。

6.2　雷达廓线图形分析

所有处理过的 868 条雷达数据资料为 1～15 km 高度（雷达相对高度 AGL，下同）的回波强度变化，分辨率为 0.25 km，故从雷达站高度到 15 km 高度有 60 个数据。武川县气象站距离呼和浩特新一代天气雷达站水平距离 24 km，底层无盲区，高度大于 9 km 以上的雷达廓线由于静锥盲区而缺测。武川县气象站海拔与呼和浩特新一代天气雷达站基本持平，所以雷达观测武川县气象站分析雷暴大风影响很小。868 条雷达数据按海拔高度 2～10.75 km 的回波强度排序，2～10.75 km 的回波强度也是对流云团强度集中的高度，按照强度均值从大到小前50 名雷达记录画出强度廓线图。图 6.1 为武川前 50 名雷达强度廓线图。

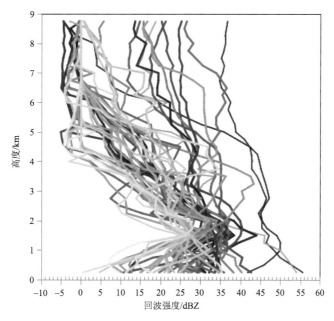

图 6.1　武川前 50 名雷达强度廓线

由图 6.1 可见，在 1.5 km 以下，回波强度散乱，即雷达回波强度方差大，由于近地面受地物回波影响，所以回波强度散乱，这和前文分析结果一致。

在 1.5 km 高度处回波强度均值为 35 dBZ，方差最小。在 1.5 km 以上，回波强度廓线差异明显，代表了不同类型的雷暴大风：干雷暴大风、湿雷暴大风及伴有冰雹的雷暴大风。通过回波强度廓线识别不同类型的雷暴大风有待深入研究。

图 6.2 中横坐标为多普勒速度，单位 m·s⁻¹，纵坐标是高度，单位 km。多普勒速度有正有负，识别雷暴大风，无论多普勒速度正负，只要高度在 2.5 km 以下（近地面）且大于 15 m·s⁻¹，即认为大风，如果对应的回波强度满足雷暴识别条件（见第 3 章），则判断为雷暴大风。

图 6.2 中由于多普勒速度模糊，所以多普勒速度廓线较雷达强度廓线散乱。如红色多普勒速度廓线 20190606152147，即 2019 年 6 月 6 日 15 时 21 分 47 秒的多普勒速度廓线，高度 1 km 的多普勒速度为 −15 m·s⁻¹，高度 2 km 的多普勒速度为 5 m·s⁻¹，高度 7 km 的多普勒速度为 20 m·s⁻¹，高度 8 km 的多普勒速度为 −10 m·s⁻¹，多普勒速度时正时负，就是多

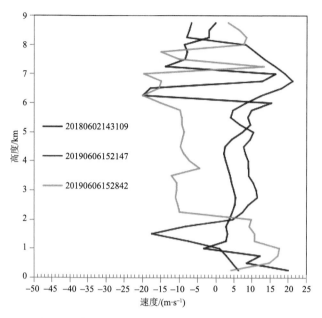

图 6.2   武川雷暴大风均值前 3 名多普勒速度廓线

普勒速度模糊造成，今后随着多普勒速度退模糊技术发展，多普勒速度廓线有望更贴近实际风廓线。

6.3   雷暴大风识别阈值

从以上图形可见，多普勒速度是雷暴大风识别关键，由于气象站与雷达扫描线空间有差距，所以按 2.5 km 以下（AGL）多普勒速度＞15 m·s^{-1}，且雷达回波均值≥18 dBZ 识别雷暴大风。

6.4   雷暴大风识别检验

以 2.5 km 以下（AGL）多普勒速度＞15 m·s^{-1}，且雷达回波均值≥18 dBZ 检验武川县气象站雷暴大风，与实况（表 6.1）对比，识别结果如下。

6.4.1   雷暴大风发生时段精确匹配

雷达识别结果精确匹配是指雷达识别结果发生时间在雷暴大风发生时间段内。

表 6.2 第 1 列是雷暴大风开始时间，第 2 列是雷暴大风结束时间，第 3 列是雷暴大风雷达识别结果时间，第 4 列是第 3 列对应时间多普勒速度廓线中 2.5 km 以下正多普勒速度极值，第 5 列是正多普勒速度极值所在高度，单位 250 m，第 6 列是多普勒速度廓线中 2.5 km 以下负多普勒速度极值，第 6 列负多普勒速度极值所在高度，单位 250 m。

表 6.2　与雷暴大风发生时间精确匹配

开始	结束	雷达数据	正速度/$(m \cdot s^{-1})$	高度/$(250\ m)$	负速度/$(m \cdot s^{-1})$	高度/$(250\ m)$
201607300200	201607301000	20160730025201	15.0	4	−7.6	8
201706180300	201706181500	20170618110918	0	0	−18.7	10
201706281400	201706282000	20170628144548	22.5	1	−15.0	5
201707051500	201707051900	20170705192741	15.2	10	0	0
201707110300	201707110900	20170711052244	15.5	6	−23.4	1
201707141200	201707142000	20150714201910	1.8	10	−20.4	3
201806021400	201806021800	20180602140506	2.7	3	−16.3	4
201906061300	201906062200	20190606152147	9.0	10	−17.4	6
201906161300	201906161900	20190616130233	18.4	6	−21.7	1
201907042300	201907051000	20190705011417	23.0	1	−4.1	6
201908061300	201908062300	20190806133134	15.8	6	−8.8	5
201908151500	201908151900	20190815180045	0	0	−22.4	1
201908260700	201908261100	20190826071651	22.9	1	−10.5	10
202006291400	202006291800	20200629144852	16.5	6	−9.1	5
202007081600	202007082200	20200708165451	16.6	6	−7.9	9

如第一行的数据解释如下：

雷暴大风开始时间：201607300200，即 2016 年 7 月 30 日 02 时 00 分。

雷暴大风结束时间：201607301000，即 2016 年 7 月 30 日 10 时 00 分。

雷达识别结果时间：20160730025201，即 2016 年 7 月 30 日 02 时 52 分 01 秒。

20160730025201 正多普勒速度极值：15 $m \cdot s^{-1}$。

正多普勒速度极值所在高度 4 单位，即 4×250 m＝1000 m。

20160730025201 负多普勒速度极值：−7.6 $m \cdot s^{-1}$。

负多普勒速度极值所在高度 8 单位，即 8×250 m＝2000 m。

即 2016 年 7 月 30 日 02 时 52 分 01 秒正多普勒速度极值：15 $m \cdot s^{-1}$，高度 1 km，符合雷达识别结果，判断为雷暴大风。

武川县气象站雷暴大风有 31 次，按雷达识别结果发生时间在雷暴大风发生时间段的有 15 条，识别正确率 15/31≈48%。

6.4.2　雷暴大风发生时段前后 60 min 匹配

表 6.3 各列信息同表 6.2，雷暴大风发生时段前后 60 min 匹配是指雷达识别结果发生时间在雷暴大风发生时间前后 60 min 以内，武川县气象站雷暴大风有 31 次，按发生时段前后 60 min 识别结果有 15 条，识别正确率 15/31≈48%。

表 6.3　雷暴大风发生时段前后 60 min 匹配

开始	结束	雷达数据	正速度/ (m·s⁻¹)	高度/ (250 m)	负速度/ (m·s⁻¹)	高度/ (250 m)
201607300200	201607301000	20160730025201	15.0	4	−7.6	8
201706180300	201706181500	20170618110918	0	0	−18.7	10
201706281400	201706282000	20170628144548	22.5	1	−15.0	5
201707051500	201707051900	20170705192741	15.2	10	0	0
201707110300	201707110900	20170711052244	15.5	6	−23.4	1
201707141200	201707142000	20150714201910	1.8	10	−20.4	3
201806021400	201806021800	20180602140506	2.7	3	−16.3	4
201906061300	201906062200	20190606152147	9.0	10	−17.4	6
201906161300	201906161900	20190616130233	18.4	6	−21.7	1
201907042300	201907051000	20190705011417	23.0	1	−4.1	6
201908061300	201908062300	20190806133134	15.8	6	−8.8	5
201908151500	201908151900	20190815180045	0	0	−22.4	1
201908260700	201908261100	20190826071651	22.9	1	−10.5	10
202006291400	202006291800	20200629144852	16.5	6	−9.1	5
202007081600	202007082200	20200708165451	16.6	6	−7.9	9

6.4.3　雷暴大风发生时段前后 120 min 匹配

表 6.4 各列信息同上,雷暴大风发生时段前后 120 min 匹配是指雷达识别结果发生时间在雷暴大风发生时间前后 120 min 以内,武川县气象站雷暴大风有 31 次,按发生时段前后 120 min 识别结果有 18 条,识别正确率 18/31≈58%。

表 6.4　雷暴大风发生时段 120 min 前后匹配

开始	结束	雷达数据	正速度/ (m·s⁻¹)	高度/ (250 m)	负速度/ (m·s⁻¹)	高度/ (250 m)
201607300200	201607301000	20160730025201	15.0	4	−7.6	8
201706180300	201706181500	20170618110918	0	0	−18.7	10
201706281400	201706282000	20170628144548	22.5	1	−15.0	5
201707051500	201707051900	20170705192741	15.2	10	0	0
201707110300	201707110900	20170711052244	15.5	6	−23.4	1
201707141200	201707142000	20150714201910	1.8	10	−20.4	3
201806021400	201806021800	20180602140506	2.7	3	−16.3	4
201906061300	201906062200	20190606152147	9.0	10	−17.4	6
201906161300	201906161900	20190616130233	18.4	6	−21.7	1
201907042300	201907051000	20190705011417	23.0	1	−4.1	6
201908061300	201908062300	20190806133134	15.8	6	−8.8	5
201908151500	201908151900	20190815180045	0	0	−22.4	1

开始	结束	雷达数据	正速度/ (m·s⁻¹)	高度/ (250 m)	负速度/ (m·s⁻¹)	高度/ (250 m)
201908260700	201908261100	20190826071651	22.9	1	−10.5	10
202006291400	202006291800	20200629144852	16.5	6	−9.1	5
202007081600	202007082200	20200708165451	16.6	6	−7.9	9
201706171400	201706172200	20170617124523	22.0	1	−23.7	6
201808061100	201808062200	20190806133134	15.8	6	−8.8	5
202008081700	202008081759	20170808151533	22.2	8	−18.2	7

6.4.4 雷暴大风发生时段前后 150 min 匹配

表 6.5 各列信息同上,雷暴大风发生时段前后 150 min 匹配是指雷达识别结果发生时间在雷暴大风发生时间前后 150 min 以内,武川雷暴大风有 31 次,按发生时段前后 150 min 识别结果有 21 条,识别正确率 21/31≈68%。

表 6.5 雷暴大风发生时段前后 150 min 匹配

开始	结束	雷达数据	正速度/ (m·s⁻¹)	高度/ (250 m)	负速度/ (m·s⁻¹)	高度/ (250 m)
201607300200	201607301000	20160730025201	15	4	−7.6	8
201706180300	201706181500	20170618110918	0	0	−18.7	10
201706281400	201706282000	20170628144548	22.5	1	−15.0	5
201707051500	201707051900	20170705192741	15.2	10	0	0
201707110300	201707110900	20170711052244	15.5	6	−23.4	1
201707141200	201707142000	20150714201910	1.8	10	−20.4	3
201806021400	201806021800	20180602140506	2.7	3	−16.3	4
201906061300	201906062200	20190606152147	9	10	−17.4	6
201906161300	201906161900	20190616130233	18.4	6	−21.7	1
201907042300	201907051000	20190705011417	23.0	1	−4.1	6
201908061300	201908062300	20190806133134	15.8	6	−8.8	5
201908151500	201908151900	20190815180045	0	0	−22.4	1
201908260700	201908261100	20190826071651	22.9	1	−10.5	10
202006291400	202006291800	20200629144852	16.5	6	−9.1	5
202007081600	202007082200	20200708165451	16.6	6	−7.9	9
201706171400	201706172200	20170617124523	22.0	1	−23.7	6
201808061100	201808062200	20190806133134	15.8	6	−8.8	5
202008081700	202008081759	20170808151533	22.2	8	−18.2	7
201707131700	201707140600	20170713142609	22.8	1	−7.3	10
201806211100	201806211600	20170621190625	20.2	6	−21.4	4
201907041400	201907042000	20190704112853	16.4	6	−8.0	7

从以上分析可见,当雷达识别阈值不变,延长雷暴大风识别时间,识别正确率稳定上升。

第 7 章　回波强度廓线在估测降水中的应用

7.1　资料与处理方法

呼和浩特新一代天气雷达以体扫 VCP11(14/5)工作时,每小时有超过 12 个文件,以 VCP21(9/6)工作时,每小时有 10 个文件,短时强降水是小时雨量,而一小时内有多条雷达数据对应,为准确得到雷达强度回波廓线与小时雨量的线性回归模型,在大量数据的基础上,项目组进行分类统计:

小时雨量用 R 表示,分类标准如下:

0 mm$<R\leqslant$2 mm;

2 mm$<R\leqslant$5 mm;

5 mm$<R\leqslant$10 mm;

$R\geqslant$10 mm。

通过对短时强降水历史个例数据的总结,项目组分析了短时强降水天气雷达关键特征:1 km高度处回波强度、最大回波强度、回波顶高和垂直累积液态水等参数的分布特点及不同降水量级对应的典型特征值。数据处理流程为:雷达数据质量控制、坐标转换、线性插值、应用三维雷达数据特点生成降水时间气象站点的雷达回波廓线。

以呼和浩特市气象站廓线为例,2005—2021 年所有小时雨量$\geqslant$0.1 mm 的降水数据共2272 条;2005—2021 年所有降水时间内回波廓线数据共30501 条。挑选同一小时内多条廓线中含最大回波强度的廓线代表该降水时间内的雷达回波进行处理,得到雷达回波代表廓线3503 条数据,其中 2164 条回波数据对应小时雨量等于 0 mm,1339 条回波对应时次小时雨量$\geqslant$0.1 mm。

7.2　雷达特征量小提琴图形分析

7.2.1　有回波无降水特征分析

统计有回波无降水即小时雨量等于 0 mm 的 2164 个雷达回波廓线结构特征,可见雷达回波廓线中位数,小提琴图呈现出"低矮小"的特征。

有回波无降水即小时雨量等于 0 mm 的(图 7.1)2164 个雷达回波强度廓线近地面1 km回波强度分布比较均匀,以中位数为中心,均匀向两端分布,Z_{max}、ET、TOP、VIL、VILD 分布较不均匀,均呈右偏,其中 VIL、VILD 分布右偏严重,$Z_{1 km}$、TOP、VIL、VILD 分布呈单峰状,Z_{max}数据分布呈双峰状,ET 数据分布呈多峰状。图 7.1 中位数 6.0 dBZ 表明,1 km 高度平均强度出现次数最多的是 6.0 dBZ。垂直累积液态水、垂直累积液态水密度、最大回波强度、风暴顶高和回波顶高参数意义同上。

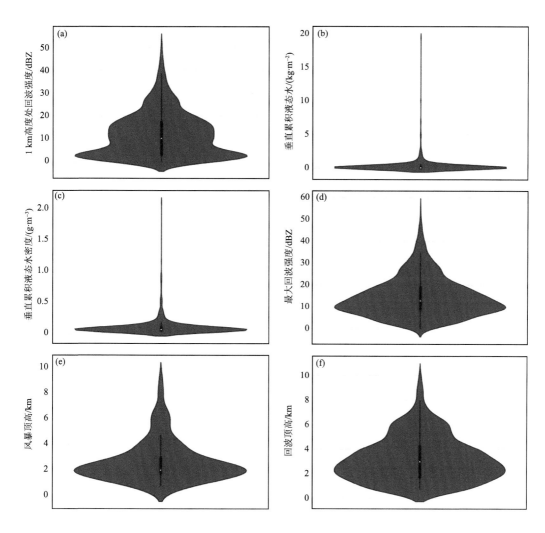

图 7.1　有回波无降水(小时雨量 0.0 mm)过程小提琴图

表 7.1 参数意义如下：

1 km 高度处回波强度的最小值：0 dBZ；

1 km 高度处回波强度的下四分位数：1.0 dBZ；

1 km 高度处回波强度的中位数：6.0 dBZ；

1 km 高度处回波强度的上四分位数：15.35 dBZ；

1 km 高度处回波强度的最大值：51.6 dBZ。

天气雷达回波强度顶高的识别标准是 18 dBZ，可见有回波无降水(小时雨量 0 mm)回波强度中位数 6.0 dBZ，说明"低矮小"的特征：

回波强度"低"；

回波顶高"矮"；

液态水含量"小"。

表 7.1　有回波无降水(小时雨量 0 mm)回波强度廓线统计

参数	最小值	25％四分位数	中位数	75％四分位数	最大值
1 km 高度处回波强度/dBZ	0	1.0	6.0	15.4	51.6
回波顶高/km	0	0	0	1.0	10.0
风暴顶高/km	0	0	0	0	9.3
垂直累积液态水/(kg·m^{-2})	0	0	0	0.01	19.30
垂直累积液态水密度/(g·m^{-3})	0.04	0.04	0.06	0.10	2.09
最大回波强度/dBZ	0.3	8.4	12.9	19.0	55.6
回波强度和/dBZ	1.3	42.5	93.6	184.5	1738.4

降水具有时空分布不均的特点,雨量统计的是小时雨量,而雷达最快可以 6 min 观测一次,即 1 h 有 10 条回波强度廓线可以分析,假如 1 h 内有 $n(n<10)$ 条具有以上统计特征的回波强度廓线,即可看作 $n(n<10)$ 条回波强度廓线雨量贡献为 0 mm;那么可以确定小时雨量由 $(10-n)$ 条较大回波强度廓线"贡献"。

利用以上规则不断迭代可以过滤掉小时雨量中回波强度小的回波,从而得到在小时雨量中"贡献"大的回波强度,可精确分析回波强度与雨强的关系。

7.2.2　0 mm<小时雨量≤2 mm 的特征分析

按照以上分组统计回波廓线特征,结果如下,0 mm<小时雨量≤2 mm 的数据共 990 条。图 7.2 中 0 mm<小时雨量≤2 mm 的回波强度廓线 1 km 高度处回波强度分布比较均匀,以中位数为中心,均匀向两端分布,Z_{max}、ET、TOP、VIL、VILD 分布较不均匀,均呈右偏,其中 VIL、VILD 分布右偏严重,$Z_{1 km}$、TOP、VIL、VILD 数据分布呈单峰状,Z_{max} 数据分布呈双峰状,ET 数据分布呈多峰状。图 7.2 中位数表明,1 km 高度处回波强度出现次数最多的是 21.1 dBZ。垂直累积液态水、垂直累积液态水密度、最大回波强度、风暴顶高和回波顶高参数意义同上。

表 7.2 为 0 mm<小时雨量≤2 mm 回波强度廓线统计参数意义如下:

1 km 高度处回波强度的最小值:0 dBZ;

1 km 高度处回波强度的下四分位数:14.8 dBZ;

1 km 高度处回波强度的中位数:21.1 dBZ;

1 km 高度处回波强度的上四分位数:27.2 dBZ;

1 km 高度处回波强度的最大值:56.5 dBZ。

对比 0 mm<小时雨量≤2 mm 回波强度廓线与有回波无降水(小时雨量 0 mm)回波强度中位数分别为 21.1 dBZ 和 6.0 dBZ,说明雨强增加,回波强度增加,符合雷达气象学基本原理。

7.2.3　2 mm<小时雨量≤5 mm 的特征分析

2 mm<小时雨量≤5 mm 的数据共 222 条。图 7.3 中 2 mm<小时雨量≤5 mm 的回波强度廓线近地面 1 km 回波强度分布比较均匀,以中位数为中心,均匀向两端分布,Z_{max}、ET、TOP、VIL、VILD 分布较不均匀,均呈右偏,其中 VIL、VILD 分布右偏严重,$Z_{1 km}$、TOP、VIL、

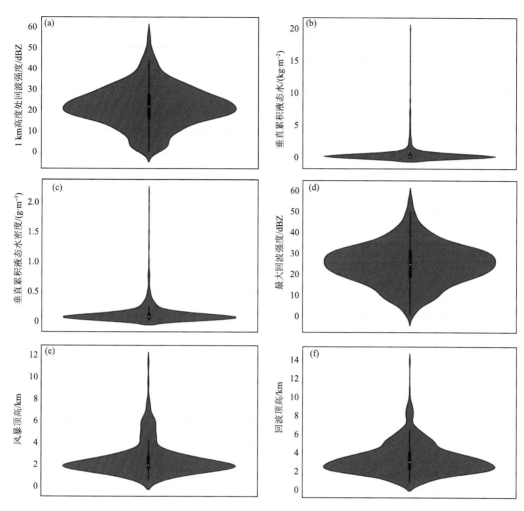

图 7.2　0 mm<小时雨量≤2 mm 小提琴图

VILD 分布呈单峰状，Z_{max} 分布呈双峰状，ET 分布呈多峰状。

表 7.2　0 mm<小时雨量≤2 mm 回波强度廓线统计

参数	最小值	25% 四分位数	中位数	75% 四分位数	最大值
1 km 高度处回波强度/dBZ	0	14.8	21.1	27.2	56.5
回波顶高/km	0	1.0	2.5	3.7	13.8
风暴顶高/km	0	0	0	1.8	11.3
垂直累积液态水/(kg·m⁻²)	0	0.02	0.14	0.33	19.95
垂直累积液态水密度/(g·m⁻³)	0.04	0.06	0.08	0.13	2.16
最大回波强度/dBZ	0.8	19.0	25.1	31.4	56.7
回波强度和/dBZ	2.0	169.6	286.0	426.5	1998.3

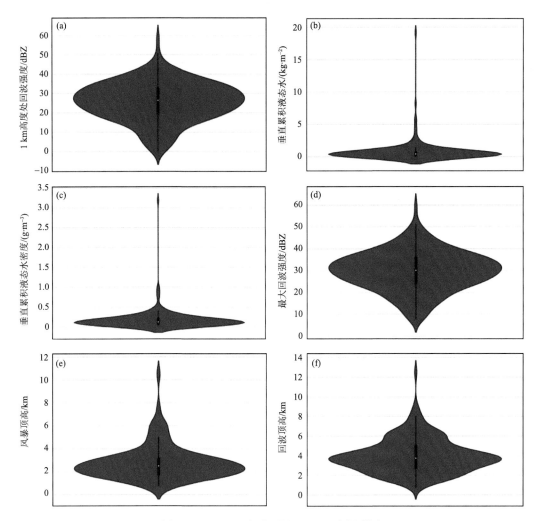

图 7.3　2 mm<小时雨量≤5 mm 小提琴图

表 7.3 中 2 mm<小时雨量≤5 mm 回波强度廓线统计参数意义如下：

1 km 高度处回波强度的最小值：0 dBZ；

1 km 高度处回波强度的下四分位数：19.1 dBZ；

1 km 高度处回波强度的中位数：26.0 dBZ；

1 km 高度处回波强度的上四分位数：32.5 dBZ；

1 km 高度处回波强度的最大值：58.4 dBZ；

中位数表明，1 km 高度处回波强度出现次数最多的是 26.0 dBZ。

垂直累积液态水、垂直累积液态水密度、最大回波强度、风暴顶高和回波顶高参数意义同上。

对比 2 mm<小时雨量≤5 mm 回波强度廓线中位数分别为 21.1 dBZ 和26.0 dBZ，说明小时雨量增加，回波强度增加。

表 7.3　2 mm<小时雨量≤5 mm 回波强度廓线统计

参数	最小值	25％四分位数	中位数	75％四分位数	最大值
1 km 高度处回波强度/dBZ	0	19.1	26.0	32.5	58.4
回波顶高/km	0	2.2	3.5	4.5	12.5
风暴顶高/km	0	0	0.4	2.5	10.5
垂直累积液态水/(kg·m⁻²)	0	0.11	0.33	0.65	19.11
垂直累积液态水密度/(g·m⁻³)	0.04	0.07	0.12	0.20	3.18
最大回波强度/dBZ	7.9	24.2	30.2	36.0	59.1

7.2.4　5 mm<小时雨量≤10 mm 的特征分析

5 mm<小时雨量≤10 mm 的数据共 87 条。

图 7.4 中 5 mm<小时雨量≤10 mm 的回波强度廓线 1 km 高度处回波强度分布比较均匀，以中位数为中心，均匀向两端分布，Z_{max}、ET、TOP、VIL、VILD 分布较不均匀，均呈右偏，

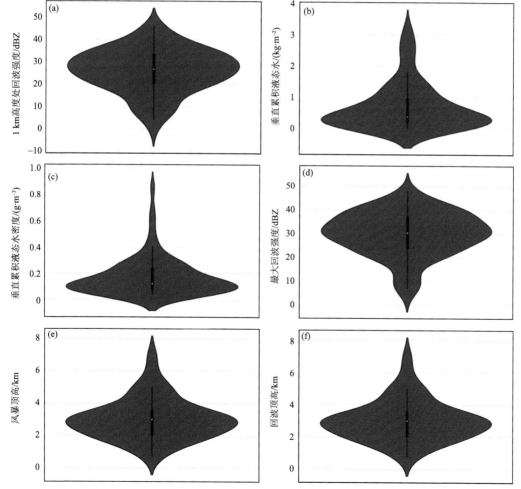

图 7.4　5 mm<小时雨量≤10 mm 小提琴图

其中 VIL、VILD 分布右偏严重，$Z_{1\text{ km}}$、TOP、VIL、VILD 数据分布呈单峰状，$Z_{\max}$ 数据分布呈双峰状，ET 数据分布呈多峰状。

表 7.4 5 mm＜小时雨量≤10 mm 回波强度廓线统计表参数意义如下：

1 km 高度处回波强度的最小值：0.0 dBZ；

1 km 高度处回波强度的下四分位数：19.3 dBZ；

1 km 高度处回波强度的中位数：26.3 dBZ；

1 km 高度处回波强度的上四分位数 33.2 dBZ；

1 km 高度处回波强度的最大值：46.0 dBZ。

中位数表明，1 km 高度处回波强度出现次数最多的是 26.3 dBZ。

垂直累积液态水、垂直累积液态水密度、最大回波强度、风暴顶高和回波顶高参数意义同上。

表 7.4　5 mm＜小时雨量≤10 mm 回波强度廓线统计

参数	最小值	25％四分位数	中位数	75％四分位数	最大值
1 km 高度处回波强度/dBZ	0	19.3	26.3	33.2	46.0
回波顶高/km	0	2.5	3.8	5.3	9.3
风暴顶高/km	0	0	1.3	3.0	7.0
垂直累积液态水/(kg·m^{-2})	0	0.12	0.33	0.88	3.20
垂直累积液态水密度/(g·m^{-3})	0.04	0.08	0.12	0.23	0.85
最大回波强度/dBZ	4.8	24.5	30.6	37.5	48.2
回波强度和/dBZ	15.5	273.9	456.8	629.2	1195.4

对比 2 mm＜小时雨量≤5 mm 回波强度廓线与中位数 21.1 dBZ 和 26.3 dBZ，说明雨强增加，回波强度增加。

7.2.5　小时雨量≥10 mm 的特征分析

小时雨量≥10 mm 的数据共 40 条。图 7.5 中小时雨量≥10 mm 回波强度廓线 1 km 高度处回波强度分布比较均匀，以中位数为中心，均匀向两端分布，$Z_{\max}$、ET、TOP、VIL、VILD 分布较不均匀，均呈右偏，其中 VIL、VILD 分布右偏严重，$Z_{1\text{ km}}$、TOP、VIL、VILD 分布呈单峰状，$Z_{\max}$ 分布呈双峰状，ET 分布呈多峰状。

表 7.5 中小时雨量≥10 mm 回波强度廓线统计参数意义如下：

1 km 高度处回波强度的最小值：0 dBZ；

1 km 高度处回波强度的下四分位数：18.3 dBZ；

1 km 高度处回波强度的中位数：32.2 dBZ；

1 km 高度处回波强度的上四分位数 37.5 dBZ；

1 km 高度处回波强度的最大值：50.2 dBZ。

中位数表明，1 km 高度处回波强度出现次数最多的是 32.2 dBZ。

垂直累积液态水、垂直累积液态水密度、最大回波强度、风暴顶高和回波顶高参数意义同上。

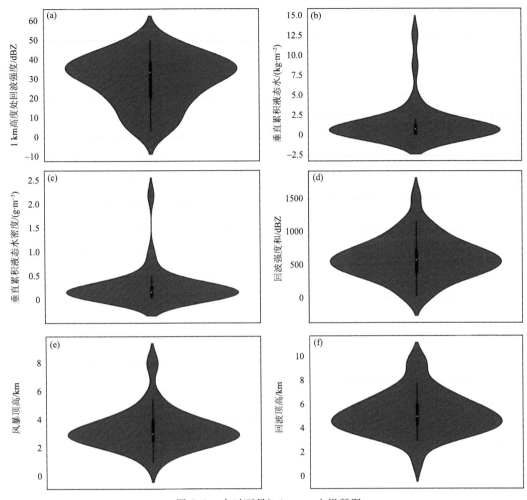

图 7.5　小时雨量≥10 mm 小提琴图

表 7.5　小时雨量≥10 mm 回波强度廓线统计

参数	最小值	25%四分位数	中位数	75%四分位数	最大值
1 km 高度处回波强度/dBZ	0	18.3	32.2	37.5	50.2
回波顶高/km	0	3.3	4.9	5.8	9.5
风暴顶高/km	0	0	2.4	3.1	8.0
垂直累积液态水/(kg·m⁻²)	0	0.18	0.65	1.23	12.50
垂直累积液态水密度/(g·m⁻³)	0.04	0.09	0.17	0.28	2.17
最大回波强度/dBZ	5.3	25.6	34.6	40.4	57.5
回波强度和/dBZ	24.8	376.8	568.8	715.4	1513.4

对比 5 mm＜小时雨量≤10 mm 回波强度廓线中位数分别为 26.3 dBZ 和 32.2 dBZ,说明雨强增加,回波强度明显增加。

通过对比发现雨量从小到大不同中位数存在从小到大的对应关系,通过垂直廓线对应寻求雨量关系逻辑上是正确的。

总结四类降水等级的回波强度廓线见表7.6,通过短时强降水历史个例数据总结得出不同小时雨量天气雷达关键特征值。

表 7.6　不同降水等级划分回波强度廓线统计

小时雨量/mm	1 km 高度处回波强度/dBZ	回波顶高/km	垂直累积液态水	垂直累积液态水密度
<2	14.0/20.7/26.3	0/2.5/4.0	0/0.13/0.31	0.05/0.08/0.12
2~5	18.0/25.8/31.0	2.5/3.8/5.0	0/0.29/0.64	0.06/0.11/0.16
5~10	18.6/26.0/31.7	2.6/3.8/5.8	0.12/0.32/0.90	0.07/0.12/0.24
≥10	18.3/30.9/35.9	3.9/4.9/6.3	0.21/0.65/1.26	0.08/0.13/0.25

注:表中第二行第二列14.0、20.7、26.3分别是下四分位数、中位数、上四分位数的数值,下同。

7.3　雷达估测降水 *Z-R* 关系式

通过以上工作,利用雷达回波廓线主要特征(回波均值和回波顶高)对回波廓线分类为:弱对流、对流和深对流,应用数理统计方法统计各对流出现概率,在时空匹配的基础上找出对应点的降水强度,建立适应蒙古高原的雷达强度回波廓线对雨强线性回归模型(图 7.6),结果如下。

通过对比不同雷达回波特征与降水变化的相关系数指标,最终选取 1 km 高度处回波强度作为强降水 QPE 算法核心指标,通过最小二乘法拟合 *Z-R* 方程。

$$Z = 262 \times R^{1.42}$$

式中,R 表示雨强,单位为 $mm \cdot h^{-1}$,Z 表示 1 km 高度处回波强度,单位为 dBZ。

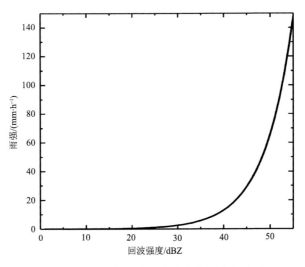

图 7.6　1 km 高度处回波强度估测降水模型

应用以上回波强度估测降水模型进行雷达估测降水,滚动提取当前时间到 1 h 前之间的所有体扫数据,计算每个体扫数据的 1 km 高度处回波强度,将该小时内所有体扫格点数据求平均,平均后的体扫格点数据再通过拟合线性方程求取每个格点的 QPE 雨量值。

选取 2022 年 8 月 21 日 06 时至 22 日 23 时降雨过程对 QPE 算法进行验证,提取 10 个自动站平均回波强度变化、QPE 降水、实况降水进行对比。结果发现,QPE 降水估测结果与实况降水较为接近(图 7.7)。

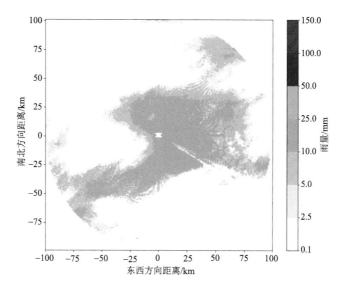

图 7.7　2022 年 8 月 21 日 17 时降水模型反演 QPE 分布

第8章　雷达卫星数据融合研究

　　降水是一种具有强时空变化的天气现象,突发性暴雨和持续性强降水常常会给国民经济和社会生活带来较大的损失,甚至会威胁到人民的生命财产安全。因此,及时准确地开展降水监测对于社会经济发展具有重要意义。在降水监测技术方面,除了传统的地面雨量观测系统之外,还有天气雷达、气象卫星的遥感探测手段。对于地面雨量观测系统而言,虽然能够精确地测量某点的降水,但区域代表性差,需要建设大量的观测点才能获得精细化的区域降水分布。与之相比,利用天气雷达、气象卫星等遥感探测手段可以获得大范围内精细化的降水信息,具有很好的时空分辨率,尤其内蒙古自治区地域辽阔,气象卫星估测降水更具价值。本章将气象卫星分析降水云类型与天气雷达估测降水结合起来,充分发挥出雷达卫星数据融合研究在估测降水方面的优势。

8.1　红外云顶亮温与雷达回波强度廓线回归模型

8.1.1　卫星雷达数据时空匹配

　　红外云顶亮温应用的是日本"葵花"卫星资料,该静止卫星提供每半小时一张的红外、可见光和真彩色数字化云图,云图的格点间距离为 1 km。雷达数据为呼和浩特新一代天气雷达基数据,格点间距离为 1 km。按第 1 章表 1.1 地理信息读取各站点各时次红外云顶亮温以及雷达数据,分析时间段为 2021 年汛期 6—8 月卫星(H8 和 H9)红外亮温产品及雷达基数据。

　　由于时间分辨率不同,红外云图每 10 min 观测一次,新一代天气雷达至少每 6 min 观测一次,因此,数据时间匹配以红外云图观测时间为中心,取红外云图观测时间前后 6 min 内最近的雷达数据,如果红外云图观测时间前后 6 min 内雷达缺测,则红外云图数据舍弃。

　　应用的卫星通道有 3 个(表 1.4),分别为 b7、b8 和 b9 通道,其中 b7 通道中心波长为 3.85 μm,通道宽度为 0.22 μm;b8 通道中心波长为 6.25 μm,通道宽度为 0.37 μm;b9 通道中心波长为 6.95 μm,通道宽度为 0.12 μm。三种通道分辨率均为 2.0 km。

　　表 8.1 为 2021 年 7 月 2 日武川县气象站雷达与卫星数据匹配情况,其中第一列是红外通道时间(世界时),如第 1 列第 2 行是 b7_0600,即卫星红外通道 b7 世界时 06 时观测。第 2 列是红外通道亮温,单位 K。第 3 列是雷达观测时间(北京时),如第 2 行 20210702140117 是 2021 年 7 月 2 日 14 时 01 分 17 秒。第 4 列到第 11 列是雷达回波强度廓线,从地面到高空排列,单位 dBZ。例如,第 2 行第 4 列 36.1 是雷达回波强度廓线中 1 km 高度处回波强度 36.1 dBZ,第 2 行第 5 列 36.2 是雷达回波强度廓线中 2 km 高度处回波强度 36.2 dBZ,依次类推。

　　表 8.2 是武川县气象站 2021 年 7 月 2 日 14 时 01 分到 16 时 01 分雷达观测的时间分辨率 6 min 的全部 13 条雷达强度廓线主要参数。描述雷达强度廓线参数主要有:1 km 高度处回波强度($Z_{1\,km}$)、最大回波强度(Z_{max})、回波顶高(ET)、风暴顶高(TOP)、垂直累积液态水(VIL)、

表 8.1　2021 年 7 月 2 日武川县气象站雷达与卫星数据匹配情况

红外通道时间	红外通道亮温/K	雷达观测时间	$Z_{1\,km}$/dBZ	$Z_{2\,km}$/dBZ	$Z_{3\,km}$/dBZ	$Z_{4\,km}$/dBZ	$Z_{5\,km}$/dBZ	$Z_{6\,km}$/dBZ	$Z_{7\,km}$/dBZ	$Z_{8\,km}$/dBZ
b7_0600	299.222	20210702140117	36.1	36.2	34.3	28.8	25.1	13.4	0	0
b7_0610	290.517	20210702140721	45.5	43.8	36.1	30.3	26.4	16.0	0	0
b7_0620	288.231	20210702141849	35.1	26.9	17.0	7.9	0	0	4.2	5.1
b7_0630	281.652	20210702143017	21.3	23.7	18.2	8.6	0	0	3.2	2.4
b7_0640	278.299	20210702144143	27.6	28.3	20.2	19.2	19.3	16.6	14.5	9.8
b7_0650	264.625	20210702144727	26.2	26.7	20.3	17.2	19.9	21.0	20.0	12.9
b7_0700	258.248	20210702145853	50.2	40.1	27.7	21.4	24.3	22.5	18.8	12.4
b7_0710	262.412	20210702151020	44.7	37.4	32.7	26.0	25.5	20.2	13.0	8.2
b7_0720	259.618	20210702152146	35.0	36.2	22.8	21.0	20.3	16.0	12.6	7.4
b7_0730	260.271	20210702152729	32.4	33.7	24.6	18.8	14.3	16.3	15.5	8.4
b7_0740	259.451	20210702153855	26.0	31.9	13.2	15.3	22.7	11.3	0	0
b7_0750	258.599	20210702155021	34.6	35.1	26.0	25.7	25.9	13.0	0	0
b7_0800	262.844	20210702160147	26.1	27.9	8.9	3.1	0	0	0	0

表 8.2　2021 年 7 月 2 日武川县气象站雷达强度廓线参数

红外通道时间	红外通道亮温/K	雷达时间	$Z_{1\,km}$/dBZ	Z_{max}/dBZ	ET/km	TOP/km
b7_0600	299.222	20210702140117	36.1	36.2	5	3
b7_0610	290.517	20210702140721	45.5	45.5	5	4
b7_0620	288.231	20210702141849	35.1	35.1	2	1
b7_0630	281.652	20210702143017	21.3	23.7	3	0
b7_0640	278.299	20210702144143	27.6	28.3	5	0
b7_0650	264.625	20210702144727	26.2	26.7	7	0
b7_0700	258.248	20210702145853	50.2	50.2	7	2
b7_0710	262.412	20210702151020	44.7	44.7	6	3
b7_0720	259.618	20210702152146	35.0	36.2	5	2
b7_0730	260.271	20210702152729	32.4	33.7	4	2
b7_0740	259.451	20210702153855	26.0	31.9	2	2
b7_0750	258.599	20210702155021	34.6	35.1	5	2
b7_0800	262.844	20210702160147	26.1	27.9	2	0

垂直累积液态水密度(VILD)、质心高度(r_σ)。从图 8.1 雷达强度廓线各参数时序图上可清晰看到,云顶亮温达到最低值时对应回波顶高(TOP)最高,同时最大回波强度也达到最大,下一个时次风暴顶高(ET)达到极大值,说明通过雷达与卫星数据匹配得到的云顶亮温与廓线 ET 有很好的一致性。表 8.3 中雷达强度廓线各参数与云顶亮温的相关系数也表明云顶亮温与 ET 相关性最好,其次是回波顶高(TOP)及最大回波强度(Z_{max})。

表8.3　2021年7月2日武川县气象站雷达强度廓线各参数与卫星云顶亮温相关系数

参数	与云顶亮温的相关系数
$Z_{1\ km}$	0.018
Z_{max}	-0.030
ET	-0.190
TOP	-0.036

从图8.1可见,在2021年7月2日14时47分27秒到14时58分53秒时间段内,武川县气象站最大回波强度和1 km高度处回波强度均迅速发展为最大值,ET维持最大值,TOP处于快速上升阶段,而TBB下降为最小值,表明该时刻对流发展最旺盛。

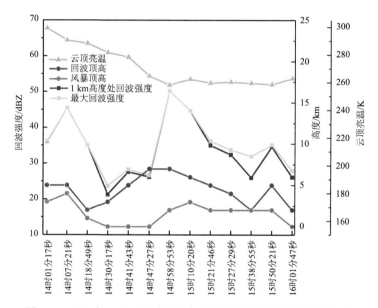

图8.1　2021年7月2日武川县气象站雷达强度廓线各参数时序

由图8.2可见,2021年7月2日14时18分,武川县气象站b8与b9水汽通道亮温为250 K左右,水汽通道亮温差为3.0左右;14时58分,b8与b9水汽通道亮温为225 K左右,b8与b9水汽通道亮温值由250 K减小到225 K左右,反映了水汽含量的增长,中层和高层水汽通道亮温差值由3.0 K减小到0 K左右,反映了水汽由中层向高层传播的特点。

8.1.2　卫星雷达数据融合

在雷达最佳观测区内,建立横截面为1 km²的回波强度廓线,显然回波强度廓线都对应着一个红外云图强度值(I)。如果把I对应着的回波强度廓线$Z(x)$统计出来,则可建立一个以红外云图强度值与强度回波廓线的回归方程:$P_P(I)=F[Z(x)]$,把$P_P(I)$值推广到整个数字化云图上,便得到一张与卫星云图范围相同的强度回波廓线$Z(x)$分布图。

在进行红外云图亮温值与强度回波廓线质量控制后,得到呼和浩特市7个站点(四子王旗、武川县、察哈尔右翼中旗、土默特左旗、托克托县、和林格尔县、凉城县)的红外云图强度值与强度回波廓线的匹配数据,共有80465个记录。挑选出气象卫星红外亮温产品与雷达基本反射率相对应的共5872个记录。通过卫星云图红外云顶亮温(T)采用阈值法将降水云系划

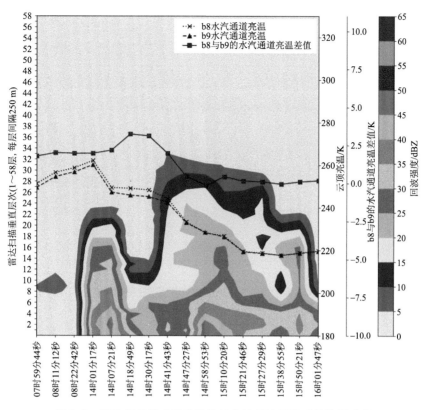

图 8.2　2021 年 7 月 2 日武川县气象站雷达回波卫星数据时序

分为 8 个级别,即产生特大暴雨的深对流云($T \leqslant 201$ K)、产生暴雨的对流云(201 K$< T \leqslant 223$ K)、弱对流云(223 K$< T \leqslant 230$ K)、产生大雨的混合云(230 K$< T \leqslant 241$ K)、产生中雨的厚层云(241 K$< T \leqslant 250$ K)、产生小雨的层云(250 K$< T \leqslant 266$ K)、无雨云(266 K$< T \leqslant 290$ K)以及晴空(290 K$< T \leqslant 400$ K),分别统计回波顶高、风暴顶高、1 km 高度处回波强度、最大回波强度、垂直累积液态水和垂直累积液态水密度。

综合分析 8 个级别中回波顶高、风暴顶高、1 km 高度处回波强度、最大回波强度、垂直累积液态水和垂直累积液态水密度的分布特征,发现回波顶高的下四分位数是比较好的指标。统计表明,深对流云对应回波顶高大于 9.0 km,对流云对应回波顶高在 7.0~9.0 km,弱对流云对应回波顶高6.6~7.0 km,产生大雨的混合云对应回波顶高 6.0~6.6 km,产生中雨的厚层云对应回波顶高 5.5~6.0 km,产生小雨的层云对应回波顶高 5.5 km 以下。根据红外云顶亮温划分的可能发生的降水等级,结合中国气象局对于各类型降水等级划分的标准,统计分析得到 8 个级别的瞬时降雨强度,结果如表 8.4 所示。

表 8.4　卫星云顶亮温与回波顶高、小时雨量的统计关系

不同降水等级	卫星云顶亮温(T)/K	卫星云顶亮温均值/K	回波顶高/km	小时雨量/mm
特大暴雨(深对流)	$T \leqslant 201$	—	>9.0	15.0
暴雨(对流云)	$201 < T \leqslant 223$	212.0	7.0~9.0	10.0
弱对流云	$223 < T \leqslant 230$	226.5	6.6~7.0	8.0

不同降水等级	卫星云顶亮温(T)/K	卫星云顶亮温均值/K	回波顶高/km	小时雨量/mm
大雨(混合云)	230＜T≤241	235.5	6.0～6.6	5.0
中雨(厚层云)	241＜T≤250	245.5	5.5～6.0	3.0
小雨(层云)	250＜T≤266	258.0	5.3	0.5
无雨云	266＜T≤290	278.0	5.3	0.1
晴空区	290＜T≤400	345.0	5.0	0

通过以上统计结果拟合直线,建立卫星红外云顶亮温与回波廓线的线性回归模型如图 8.3 所示,得到雨强反演公式(8.1),其中 R 表示雨强,单位为 $\mathrm{mm \cdot h^{-1}}$,x 表示气象卫星红外云顶亮温,单位为 K。

$$R = -0.2x + 62.6 \tag{8.1}$$

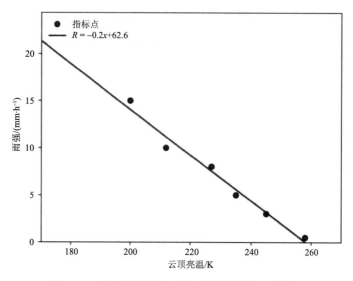

图 8.3　卫星云顶亮温与回波廓线的线性回归模型

8.2　卫星动态监测产品

由于雷达探测范围有限,数量有限的天气雷达在观测中难以实现大范围的全面覆盖。因此,在雷达缺测区域进行降水监测时,精度有限但覆盖范围广的气象卫星多通道资料就显得比较重要,它有效地弥补了降水监测过程中缺少雷达探测信息的不足。

在 ArcGIS 软件中读取 2022 年 8 月 13 日 08 时—2022 年 8 月 22 日 08 时逐小时的 FY-4 气象卫星通道 b7 的亮温值,结果如图 8.4 所示,图中仅显示 2022 年 8 月 17 日 21 时以及 2022 年 8 月 18 日 04 时、08 时红外云图。

根据卫星红外云顶亮温与回波廓线的线性回归模型,利用卫星红外云顶亮温值可反演计算出瞬时雨强,采用公式(8.2)可进一步得到累计降水量,结果如图 8.5 所示,公式中降水前值和降水后值都是瞬时雨强,前后时间差为 1 h。

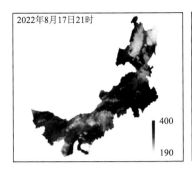
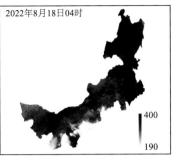
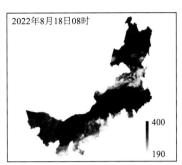

图 8.4 卫星云顶亮温

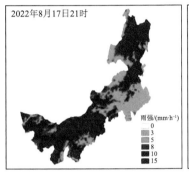
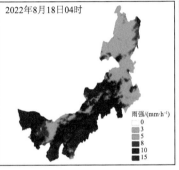
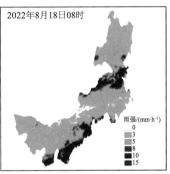

图 8.5 卫星反演降水雨强

$$累计降水量＝（降水前值＋降水后值）×（前后时间差）/2 \tag{8.2}$$

8.3 累计降水量检验

应用以上回归模型计算出呼和浩特市 10 个气象站的卫星估测降水,与实况自动气象站(简称自动站)降水量对比做误差分析,表 8.5 为 2022 年 8 月主要降水过程发生时间及影响范围。结果如表 8.6 所示,2022 年 8 月 13—15 日降水天气过程误差较大,10 个气象站平均误差 41.56 mm;2022 年 8 月 17—18 日降水天气过程误差较 2022 年 8 月 13—15 日降水天气过程减小,10 个气象站平均误差 28.86 mm;2022 年 8 月 21—22 日降水天气过程误差较小,10 个气象站平均误差－6.07 mm。

表 8.5 2022 年 8 月主要降水过程

时间	影响范围
6—7 日	鄂尔多斯
13—14 日	呼和浩特、包头、鄂尔多斯
17—18 日	鄂尔多斯、呼和浩特南部
21—22 日	鄂尔多斯、呼和浩特东部、南部

表 8.6　2022 年 8 月累计降水量与自动站降水量对比结果

时间	站点	累计降水量/mm	自动站降水量/mm	偏差/mm	平均偏差/mm
13—15 日	53463	75.2	37.1	38.1	41.56
	53469	94.9	36.2	58.7	
	53368	69.8	26.6	43.2	
	53466	75.4	61.9	13.5	
	53467	91.5	51.8	39.7	
	53464	82.1	78.8	3.3	
	53475	88.2	42.1	46.1	
	53472	81.8	21.8	60.0	
	53378	64.7	4.4	60.3	
	53362	55.7	3.0	52.7	
17—18 日	53463	30.4	3.3	27.1	28.86
	53469	36.4	6.5	29.9	
	53368	41.4	3.9	37.5	
	53466	36.2	3.6	32.6	
	53467	30.5	20.7	9.8	
	53464	27.4	0	27.4	
	53475	33.6	7.0	26.6	
	53472	32.9	2.0	30.9	
	53378	28.0	2.0	26.0	
	53362	40.8	0	40.8	
21—22 日	53463	22.8	22.5	0.3	−6.07
	53469	29.8	28.2	1.6	
	53368	17.0	16.1	0.9	
	53466	24.2	55.6	−31.4	
	53467	34.7	26.8	7.9	
	53464	27.3	44.5	−17.2	
	53475	38.1	76.2	−38.1	
	53472	25.2	24.5	0.7	
	53378	20.9	7.1	13.8	
	53362	19.9	19.1	0.8	